生活中的有趣逻辑学

刘 帅 ◎ 编著

中国铁道出版社有限公司
CHINA RAILWAY PUBLISHING HOUSE CO., LTD.

图书在版编目（CIP）数据

生活中的有趣逻辑学 / 刘帅编著.—北京：中国铁道出版社有限公司，2021.10
ISBN 978-7-113-28059-8

Ⅰ.①生… Ⅱ.①刘… Ⅲ.①逻辑学－通俗读物
Ⅳ.① B81–49

中国版本图书馆 CIP 数据核字（2021）第 114630 号

书　　名：生活中的有趣逻辑学
　　　　　SHENGHUO ZHONG DE YOUQU LUOJIXUE
作　　者：刘　帅

策　　划：田　军　　　　编辑部电话：（010）51873038
责任编辑：马慧君
封面设计：闰江文化
责任校对：安海燕
责任印制：赵星辰

出版发行：中国铁道出版社有限公司（100054，北京市西城区右安门西街 8 号）
印　　刷：三河市兴达印务有限公司
版　　次：2021 年 10 月第 1 版　2021 年 10 月第 1 次印刷
开　　本：880 mm×1 230 mm 1/32　印张：7.25　字数：150 千
书　　号：ISBN 978-7-113-28059-8
定　　价：52.00 元

序　言

如果将生活比作一个命题，那这个命题的复杂程度可以说是难以想象的。每个人都有自己的命题，每个命题中都会有无数的小问题，解决好这些小问题，是解决整个命题的关键所在。

在面对这些小问题时，可供我们选择的方法有很多，逻辑学便是一种颇为有效的解决问题的方法。从逻辑学的角度去看待生活中的问题，我们会感受到逻辑学的趣味，也会感受到生活的乐趣。

逻辑学是一门非常古老的科学，古希腊的形式逻辑、中国先秦时期的名辩学说都是较早的逻辑学理论。虽然发源于几千年前，但逻辑学的应用却并不受时代的局限，许多古老的逻辑学理论方法，在今天依然闪烁着智慧的光芒。

在生活中，逻辑学的理论方法更多以一种思维工具的形式出现，它可以帮助我们更好地思考、更好地表达。那些伟大的思想家、科学家、演说家都擅长使用逻辑学的思维工具。很多时候，这种思维工具已经内化为他们自身的一部分，成为他们思考、表达、行动的主导力量。

并不是每个人都能取得科学家、演说家那样的成就，但每个人

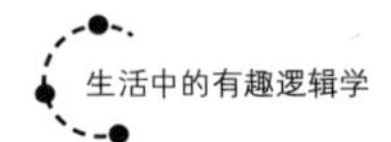

都可以利用逻辑学的思维工具让自己的生活变得更美好。本书通过展示生活问题背后的逻辑学知识，帮助读者更好地掌握用逻辑思维解决生活问题的方法。

全书分为上、中、下三篇。上篇从逻辑学基础出发，重点介绍逻辑学的基本规律、基本要素和非逻辑思维，同时对生活中的逻辑思维能力进行说明。

中篇重点放在生活中常见的谬误上。预设谬误、相干谬误、含混谬误、不当归纳谬误等，在生活中都十分常见，在具体表现上多有不同。

下篇主要介绍逻辑学在具体生活场景中的应用，包括四种逻辑推理方法在生活中的具体应用，以及逻辑学方法在个人思考和人际交往之中的应用。最后一章则是从发散思维和逆向思维角度列举了一些逻辑学问题和游戏。

逻辑学是一门能够让人收获智慧与幸福的科学，掌握了逻辑学知识，能够更好地帮助我们应对生活中出现的各类问题。

从拿起这本书到放下这本书，预祝大家能从这一过程中找到属于自己的充满逻辑的生活方法。

目　录

第一章

高深莫测的逻辑：你的生活离不开逻辑

飞人追不上乌龟？逻辑是一门有趣的学问 001
聪明的人不等于逻辑强的人 005
骗子的天敌是逻辑学家 007
生活中的逻辑学，有原因才会有结果 010

第二章

掌握逻辑思维能力，你也会变得优秀

逻辑思维是一种国际化通用语言 015
语言表达能力和逻辑思维的关系 018
拥有严密逻辑的人总是习惯步步追问 023
逻辑思维能力强的人都喜欢“订计划” 027

第三章

那些不可不知的趣味逻辑学知识

逻辑学是一种重要的生活工具 031
概念、判断和推理，有趣的逻辑学知识点 033

“好好思考”就是逻辑学的基本原理 036
生活中的“歪理”，大多都是非形式谬误 040

第四章
预设前提：预设错误前提，达成自身目的

“套路”一：通过预设性谬误设置前提 045
1.“三十岁还单身，你压力很大吧？” 048
2.“我减不了肥，怎么办？” 052
3.“有钱人谁用网购 App 啊！” 056
4. 这件事就是错的，因为它本来就不对 059
“套路”二：使用复杂问语设置前提 062
1.“你是要加‘烤肠’，还是要加‘王中王’？” 065
2.“你现在还吹牛吗？” 069
3.“你想要感谢谁？” 072
4.“你在送我礼物前，能让我先看一看吗？” 073

第五章
夸张表述：通过夸张表述，逼迫别人妥协

“套路”三：夸张表述，制造滑坡谬误 077
1.“你考不到 100 分，以后就要去当乞丐” 080
2. 大公司真的会毁掉年轻人吗？ 083
3.“小时候就敢戳死蚂蚁，长大还不得进监狱？” 087
4.“这次没中奖，下次一定能中奖” 091

"套路"四：轻率概括，逼迫他人妥协 094
1. "你看看，所有人都喜欢看《哪吒》" 097
2. "跟我做生意吧！你看我现在都开上豪车了" 100
3. 没人提过工资低，就不应该涨工资吗？ 103
4. "大学要是好好学，我也能年薪百万了" 106

第六章
强人所难：让人别无选择，甘愿落入陷阱

"套路"五：制造两难陷阱，让人难以抉择 110
1. "我和你妈妈同时掉河里，你会救谁？" 113
2. 考不上重点大学，就只能去技校？ 116
3. 不支持美国政府，就是支持恐怖分子？ 119
4. 诗与远方，很多都是"假两难" 122
"套路"六：使用模糊表述，引人掉入陷阱 125
1. "大师"算命，就用一根手指 127
2. "节日大促销，全场一折起" 130
3. 男人都"无情无义"，那女人也一样 133
4. 成绩不好的孩子，干什么都不行？ 136

第七章
虚构因果：看似理所当然，实则毫不相干

"套路"七：用虚假的因果关系证明结论 140
1. 朋友圈里的"不转发不是中国人" 143

2. “别离婚了，离婚之后你是不会快乐的” 146
3. 不干了这杯酒，就是不把你当朋友吗？ 150
4. “后退这么多名，就是因为天天玩手机” 153

“套路”八：用看似合理的论断证明结论 157

1. “这可是权威专家说的，你敢不信？” 159
2. “我是领导，所以你应该听我的” 162
3. “我都感冒了，你就不能放过我？” 165
4. “你又买不起，你说的话谁信？” 168

第八章
拿来就用的逻辑方法，帮你解决生活难题

演绎推理，像福尔摩斯一样分析生活中的问题 172
归纳推理，帮你认识更多生活的真相 178
假设推理，大胆假设，巧解难题 184
类比推理，万物共生，触类旁通 187

第九章
应用在思考和沟通上的趣味逻辑学

学好逻辑学，让自己变得更聪明 193
“两点之间走直线并不是最快的” 198
掌握主动权，让对方顺着你的逻辑走 201
把握对方逻辑，推理出自己想要的结论 205

第十章 有趣又有用的逻辑学思维和游戏

逻辑学中的发散思维，精妙创意由此生发 210
逻辑学中的逆向思维，逆向思考，问题其实很简单 213
几个有趣的逆向思维故事 216
几种锻炼思维逻辑的游戏 219

第一章　高深莫测的逻辑：你的生活离不开逻辑

飞人追不上乌龟？逻辑是一门有趣的学问

公元前 5 世纪的古希腊有一位叫芝诺的哲学家，有一天他提出了这样一个思维难题：阿喀琉斯是全希腊跑得最快的人，乌龟是爬行最慢的动物，但是，阿喀琉斯却永远追不上乌龟！

芝诺的假设是这样的：让乌龟先于阿喀琉斯开始爬行，当乌龟爬出 100 米之后，阿喀琉斯开始追。阿喀琉斯没过多久就追到了 100 米，可是，在这个过程中，乌龟又向前爬了一小段，假设这一小段是 10 米。那么阿喀琉斯又要去追赶剩下的 10 米，可是在这个过程中，乌龟又向前爬了一小段，假设是 1 米。那么阿喀琉斯又要去追赶这 1 米，可是乌龟又爬出了 1/10 米……这样看来，阿喀琉斯便是“永远追不上”乌龟的。

这个小故事带给我们的，便是逻辑与思考的趣味性。在很多时候，逻辑学研究的内容都是一些与思维方式相关的问题，或者可以说，逻辑本身就是一种思维模式。

逻辑学的意义在于，它用一些特别的方法，让我们的思维发生转变，进而影响我们对事物的观察方法、决策方法，影响到我们的行为和选择。

这里有这样一则笑话：

老婆打电话给程序员说："老公，晚上回来买一个西瓜。如果看到西红柿，就买两个。"

到了晚上，程序员下班回家，老婆看到他手里提着两个西瓜。

老婆很诧异："你为什么要买两个西瓜？"

程序员："因为我看到西红柿了啊！"

这则笑话可以被命名为：程序员的"神逻辑"，思考问题方式的不同，就会在不同人之间造成这种啼笑皆非的现象。

当然，有读者可能会有这种感觉：逻辑学看来确实很有趣，但是，这门学问有什么用呢？

对于这个问题，我们可以这样回答，即逻辑学和哲学、数学一样，单独学习它确实看不出有很大的实用性，但如果能够将它的内容带到实际生活尤其是对实际问题的思考中去，那么对于你做出决策和判断，解决实际问题就会产生巨大的作用。

例如，最近一个创业项目被人推荐给了你——加盟奶茶店，所以你面临着一个抉择：是继续工作还是辞职创业？

这个时候，为你推荐项目的人给你描述了奶茶店的美好前景，并给你列举了很多成功的案例，而你问了问身边辞职创业的人，很多人给你的也是肯定的答复。于是，你认为你不需要再考虑了，你决定辞职去开奶茶店。

但是，如果你有一些逻辑学的知识，懂得运用逻辑学的方法去思考，你可能就不会这么轻率地做决定了。那么，逻辑学是怎么思考这件事的呢？让我们先看一个故事：

在第二次世界大战期间，英国的空军经常被派出去轰炸德国，美国空军也经常要去欧洲大陆执行任务。这些被派出的空军伤亡率很高，为了解决这个问题，盟军军械部门就对空战返航的飞机进行了研究，一个研究是对飞机上的弹痕进行统计，然后对着弹多的部位进行加固。

然而，军械部门一位精通逻辑学和数学的学者却提出了不同意见。他认为应该着重关注那些没有弹痕的部位，对这些无弹痕的部位进行重点加固甚至改装。原因是什么呢？

正常来说，飞机上各部位着弹应该是均匀分布的，也就是机头、机身和机尾着弹数据应该差不多才对，但在军械部门的研究室里，看到的却是某些部位着弹点多的飞机。也就是说，这些飞机在该部位着弹之后，依然可以返航，这些飞机所受的伤害并不足以让它们坠毁。反而是那些“没有着弹”的部位，很可能是某飞机在此处着弹之后，就彻底被击落了。

这个故事的核心就是一种谬误——幸存者偏差。幸存者偏差指的是，**当人只能看到经过某种筛选而产生的结果，而没有意识到筛选的过程，就忽略了被筛选掉的关键信息，进而做出错误的判断。**

那么让我们回到开奶茶店的问题上：为什么你会得出辞职开奶茶店是一个好的选择的结论呢？因为你搜集到的都是奶茶店比较成功的案例。那么这些成功案例的信息是否是所有的真相呢？当然不是。

推荐你开奶茶店的人，他出于怂恿你的目的，为你提供的一定是有助于你得出“奶茶店靠谱”这个结论的信息。而你身边辞职创业或开奶茶店成功的案例为什么也较多呢？这大部分是因为，只有成功的创业者和奶茶店主才会对外分享自己的经历，那些为辞职后悔或奶茶店倒闭的店主，往往会选择缄默。

所以，你做出决定所依靠的信息是被筛选过的，即你做决策的过程也出现了幸存者偏差这种谬误。那么当你知道这一点之后你应该怎样去做呢？那就是尽量多地搜集关于奶茶店的报道，无论是正面的还是负面的，走访你所在城市的每一家奶茶店，亲身体验它们的商业模式以及客流、营业额。如果你真的这样去做了，你就会发现，近些年辞职创业开奶茶店成功的案例百中无一，那么你还会轻率地做出辞职开奶茶店的决策吗？

当然你可能会觉得，成功概率再低也是有成功的，自己为什么不能成为那少部分成功人士之一呢？那这就是逻辑学的另外一个大的领域——概率所要研究的问题了。

总的来说，**逻辑学就是这样一门既有趣又实用的科学，学好逻辑学不仅能够给你的生活增添乐趣，还会让你在思考问题的时候拥有比他人更清晰的头脑，在与人沟通的时候更好地组织语言，在面临人生抉择的时候做出最优的选择。**

聪明的人不等于逻辑强的人

一个人的逻辑思维能力很强，并不意味着他很聪明；一个人很聪明，同样也不意味着他的逻辑能力很强。相对而言，“聪明”所涵盖的内容更多一些，而“逻辑强”则更多指一个人的思维能力。

为“聪明”下定义，并穷举其所涵盖的内容，是非常困难的。一个人能够很好地理解别人的意图，我们可以说他“聪明”；一个人总能预想到应该做的事，并提前做好，我们也可以说他“聪明”；一个人对每种科学知识都有了解，说起来都头头是道，我们也可以说他“聪明”。但在提到“逻辑强”时，我们可以评价的角度却都限制在思维能力，或者说逻辑思维上。

小青在高校从事科研工作已经 5 年，凭借出色的科研表现，获得了不少的荣誉。但就是这样一个“聪明人”，却莫名其妙地成了一场电信诈骗的受害者。

这天，刚从实验室出来的小青接到一个电话，对方自称是“本地经侦民警”，称小青涉嫌利用自己的银行卡进行洗钱，涉案金额为 12 万元。还没等小青搞清楚状况，对方又要她立刻向“检察人员”说明情况。不等小青发问，对方已经转接“检察人员”的电话。这一次又是一通“说明”，小青根本插不上话。最后小青被告知要主动接受调查，并准备好 12 万元钱，先打入“缴款账户”中；并声称等事情查明后，如果小青确实是冤枉的，这笔钱还会自动返还到小青的银行卡中。

挂断电话后，小青并没有多想，她连续几天累计向该账户打入了 9 万多元钱，最后实在凑不够钱，想要联系对方说明情况，但电话打过去却显示是空号。直到此时，小青才意识到自己被骗了。

现实中，高学历人士受骗案例让人印象深刻，有类似遭遇的人不在少数。他们的智力水平并不低，知识储备也并不比其他人少，之所以会掉入骗子设下的陷阱，常常是因为逻辑思维能力有所欠缺。这里的逻辑思维能力是一种对事物的逻辑判断，其主要以怀疑精神、反思精神和常识掌握三种思维为基础。

这三种思维之间所呈现的是一种相互依存的关系，对外物的怀疑和对自身的反思，最后会以常识的形式固定下来，那些有价值的常识又会反过来让怀疑和反思更有指向性，不至于滑向盲目的境地，怀疑会因此变得更为精确，反思则会变得更为深刻。

这些是需要长期训练的，简单地说，就是我们在接收到一个结论后，要习惯去思考该结论是如何得出来的。

回到上面的故事，小青显然是缺少怀疑精神的，她并没有去怀疑骗子的说辞，更没有去细究其中的逻辑漏洞；同样，小青也缺少常识掌握，在她的脑海中，似乎并没有出现过电信诈骗的事；那些在社会上造成恶劣影响的案件，都没有让她产生反思。这种缺乏导致了小青被骗事件的发生。

像小青这样的人士，一个显著的优势在于丰富的知识储备，所拥有的知识足以覆盖某些专业领域，但在跨出这些专业领域后，某些知识和能力可能就失去了作用。

"逻辑强的人"的优势在于思考问题的方式。即使是跨出了某个知识领域，"逻辑强的人"依然可以运用自己独特的思考问题方式，来解决各种不同的问题。

当前，各类信息知识不断增多，普通人很容易将第一眼看到的信息当作事件真相。在此想说的是，在"谁发视频谁有理"的氛围中，以逻辑思维能力为基础的独自思考更显重要。

骗子的天敌是逻辑学家

在被警察抓到之前，骗子最不喜欢遇到两种人，一种是心理学家，一种是逻辑学家，心理学家会识破他们的行骗心理，逻辑学家

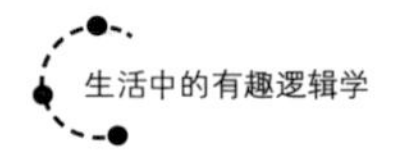

则会发现他们的逻辑漏洞。

我们来看下面这个案例。

“年卡688”“单人双年卡1288”“情侣年卡988”，一群年轻人穿梭在商场前的广场上，喊着口号，招徕顾客。小丁和女友立刻被988元的情侣年卡所吸引，跟着一位年轻人来到了商场四楼的健身房中。

一路上，年轻人巧舌如簧地介绍着健身房的各项设施。但到了现场后，小丁发现空荡荡的健身房里什么也没有。一番询问后才知道，今天只是一场预开业活动，一周后健身房才会正式开业，到时候各类器材也都会到位。

在参观完健身房后，年轻人还带着小丁和女友参观了顶楼的泳池，“办年卡后每周可以使用两次泳池”年轻人继续说道。本就想办健身卡的两人听到还可以免费游泳，马上打定主意，交纳了定金。

一周后，小丁和女友再次来到健身房，发现所有健身器械都已到位，在交纳了所有钱款后，两人一边在健身房里闲逛，一边安排着整年的健身计划。可让他们想不到的是，在三个月后的一天，这家健身房却突然“倒闭”关门了。

偌大的健身房中没有了健身器材，只有一张写着“因经营不善，本店自今日起暂停营业……”的告示，门外则是一群喊着要去维权的健身房会员。

“三个月时间就因经营不善而倒闭，这家健身房的经营状况可真是够差的，管理者到底是怎么管理的啊！”抱有这种想法的人，也许只看到了这次“倒闭”事件的表象，也就是说他们顺应了健身房管理者的思维逻辑。

“倒闭”之前一点迹象都没有，关门前两天还有人叫我办年卡呢，说什么经营不善肯定是骗人呢！”抱有这种想法的人，没有完全跟着健身房管理者的思维逻辑走，清楚地认识到了这次健身房“倒闭”事件也许是一场骗局。但如果让他们说清楚骗子们的诡计，他们又找不到一条环环相扣的证据链来证明自己的说法。

很显然，在这次健身房“倒闭”事件中，虽然健身卡的价格确实比较优惠，以开业酬宾的理由打折销售，也是说得过去的。

“我经营一家健身房，肯定是希望能长久运营下去，这样我才能招揽更多的客户，赚到更多的钱。但谁叫我运气不好呢，说好一起干的兄弟撤资走了，没有资金了，你说我拿什么运营健身房？”

健身房的“管理者”可能用这套说辞来为自己脱罪。难道这次“倒闭”真的是因为健身房管理者经营不善吗？我们虽然没有在健身房管理者的说辞中找到矛盾的地方，但从健身房开业到关门这一过程中，却发现了许多值得细究的地方。

首先，健身房器材最后一天才到位，是购买的，还是租赁的？最后又是怎么不翼而飞了？

其次，健身房管理者和商场签订的场地租赁协议是多长时间？是只有三个月，还是签了更长时间？

再次，临近倒闭关门，健身房依然吸纳会员，收取会费，为何没有提前通知会员倒闭关门的消息?

最后，健身房管理者是否可以给出这三个月的资产运作说明?是否可以提供详细的资金流水情况?尤其是会费。

如果健身房管理者不能就这些问题自圆其说的话，这次事件就远没有这么简单，更可能是一件伪装成经营不善的会费诈骗事件。当然，着需要由警方来最终确定。

麦克伦尼在《简单的逻辑学》一书中说：**“所有的逻辑推理，所有的论证，目的只有一个：找出某个事物的真相。”**毫无疑问，事物的真相只有一个，骗子会尽力掩盖事件真相。从这种意义上讲，具有丰富的逻辑学知识的人还真是骗子的天敌了。

逻辑学家可以运用逻辑学的理论和方法，高效思考、缜密分析，从而尽可能地接近事物的真相。对普通人来说，掌握一些日常生活中的逻辑学知识和方法，便能够帮助我们规避掉许多陷阱。

生活中的逻辑学，有原因才会有结果

推理小说的魅力在于情节的扑朔迷离和侦探的缜密逻辑，这在本格推理中表现得极为明显，先为读者编织富有魅力的谜题，而后再以逻辑推理对谜题进行剖析、解说。惊险离奇的密室案件等案件都在推理小说家笔下都变成了可能。

其实，不仅推理小说中充满着逻辑学知识，在我们的日常生活中，也处处可见逻辑学的踪迹。

在城市的一处公交站台上，一位中年男子正在等公交车。可当公交车到来后，这名男子却没有上车，他抵住车门怒气冲冲地对司机说道："你们公交车总是晚点，那要电子班次表还有什么用啊！"显然这名男子因为等了太长时间公交车而生气了。

面对怒气冲冲的乘客，公交车司机也不甘示弱。男子话音刚落，他便反驳道："如果公交车都准时，那还再建个快速公交系统干什么呀！"

听到司机回应后，中年男子先是愣了一下，然后又挠了挠头，自觉没有话语进行反驳，只得压下怒气，悻悻地走上了车。

中年男子和公交车司机的话语中都蕴含着一定的逻辑，从故事来看，公交车司机的逻辑似乎是正确的，因为他用自己的逻辑让中年男子哑口无言；但从逻辑学的角度来分析，公交车司机虽然在这场争论中取得了胜利，但他的逻辑却是错误的。

中年男子的思维逻辑：

前提：公交车不准时。

结论：电子班次表没有用。

公交车司机的思维逻辑：

前提：公交车准时，快速公交系统没用。

前提：快速公交系统有用。

结论：公交车不准时正常。

逻辑学中充足理由律的表述是，任何事物都有其存在的充足理由，这一规律也可以理解为因果原理。在上面的故事中，中年男子和公交车司机都试图说服对方，但经过分析可以看到，中年男子的思维逻辑符合了这一原理，而公交车司机的思维逻辑却并不符合这一原理。

电子班次表是用来显示公交车到站时间的一种工具，如果公交车没办法准时到站，那这种工具也就失去了应有的作用。

这就好比我们购买驱蚊剂是为了驱除蚊子一样，如果这种药剂无法起到驱蚊效果，那它便是无用的，所以中年男子的思维逻辑是符合因果原理的。

公交车司机的逻辑是：公交车总是准时的话，快速公交系统就失去了作用。因为快速公交系统有作用,所以公交车不准时是正常的。

但城市建立快速公交系统的目的并不仅仅是为了让乘客能准点上车，所以强行将公交车不准时和快速公交系统的作用建立因果关系是一种错误的逻辑。

如果中年男子能够多了解一些逻辑学的基本知识，那在这场争论中，他便可以轻松抓住对方的逻辑错误予以反击。当然，在现实生活中，遇到这类问题除了要运用缜密的逻辑，还要使用一些沟通的技巧，毕竟我们是为了解决问题，而不只是在辩论中驳倒对方。

在日常生活中，逻辑学的理论方法作为一种表达和说服工具，可以帮助我们清晰地表达思想、严谨地论证。同时也是一种重要的认知和分析工具，可以帮助我们揭露谬误，在正确认识事物的同时，获取新的知识。

小丁与女友在街头漫步。在路过一家服装店时，小丁的女友停在橱窗外一动不动，显然是相中了模特身上的衣服。屋内的售货员看到小丁女友驻足在橱窗外，迅速跑到她身边，手舞足蹈地说道："您的眼光可真好，这款时装是当季最流行的款式，好多小姐姐都入手了。"

小丁看到女友似乎很喜欢这件衣服，打算带着女友进入店内试穿一下，便随口问了一句："你这衣服洗晒之后不会褪色吧？"售货员听到小丁的问题，赶忙拉住小丁，指着橱窗里的衣服说道："您看这件衣服，从去年就挂在橱窗里，这样的大太阳晒着，颜色依然这般鲜艳，怎么会褪色呢？"

听到售货员这番话，小丁突然拉住了女友的手，头也不回地走了，只留下售货员在身后喊道："哎，您怎么还走了？这衣服肯定不会褪色的，而且我们现在正促销呢，明天这件衣服可就恢复原价了！"任凭售货员再怎么喊，小丁和女友也没有回头。

即将促成的买卖怎么说终止就终止了呢？这位售货员应该想不到，正是自己思维逻辑的前后矛盾，搞黄了本该到手的生意。

当小丁女友驻足欣赏服装时，售货员先是以“当季流行款式，好多女孩喜欢”为噱头进行宣传；当听到小丁对衣服褪色的询问后，售货员则以“挂了一年，天天日晒，依然鲜艳”为说辞，试图证明“衣服不会褪色”这一结论。

晒了一整年都鲜艳如初，足够证明衣服不褪色这一结论了，售货员所犯的逻辑错误主要表现在说法的前后矛盾上：前面说衣服是“当季新款”，后面又说已经在橱窗“挂了一年”。这种思维逻辑漏洞很容易便会被识破。

销售人员在与客户进行沟通时，需要时刻注意自己语言表达的逻辑。想要做好销售工作，不仅不能说假话，而且还要表述得“天衣无缝”，这需要销售人员储备充足的逻辑学知识和方法才行。

反过来说，顾客在购买商品时，多运用逻辑学理论去分析售货员的思维逻辑，不仅可以辨别售货员言辞的真假，还能利用其思维逻辑上的漏洞，获得更好的优惠。

表达工具、说服工具、认知工具、分析工具，逻辑学所具备的这些作用使得它可以出现在我们日常生活的各个角落。从本质上来讲，逻辑学的根本作用是思维工具，我们的一言一行背后都蕴含着思维逻辑。只有那些掌握了逻辑学理论和方法的人，才能透过表象看到事物的本质。

第二章　掌握逻辑思维能力，你也会变得优秀

逻辑思维是一种国际化通用语言

在人与人交流过程中，语言就像一座桥梁，发挥着连接双方的重要作用。表面上看确实如此，但实际上，在人与人的交流中充当桥梁的是逻辑思维。

一对外国夫妇来中国旅游，他们打算在景区买一点纪念品带回国。经过一番挑选，这对夫妇看上了几个模样别致的陶俑。因为不会说中文，又没人翻译，这对夫妇只得用英语加肢体动作来询问陶俑的价格。

商贩小王虽然一点英语也不懂，但却很快理解了这对夫妇的意思。他一边用手势比画着“20”，一边在手机上打出“20”的字样。

外国夫妇看到小王的手势，以及小王在手机上打出的“20”字样，心领神会地从口袋中掏出两个10元钱，交到小王手中。小王耐心地包装好陶俑，边说“再见”，边挥手与外国夫妇告别。

小王不懂英语，外国夫妇不懂中文，他们却可以正常交流，很显然，语言并没有在双方的沟通中充当桥梁。那究竟是什么促成了双方的沟通呢？是逻辑思维在起作用！

外国夫妇和小王都知道“买东西要花钱”，也知道“一分钱一分货”“在中国购物只收人民币”的道理。这些双方都拥有的思维逻辑最终促成了这笔交易，外国夫妇顺利买到了纪念品，小王则成功销售了商品。

逻辑思维指的是人们在认识过程中，借助于概念、判断、推理等多种思维形式，能动地反映客观现实的过程。运用逻辑思维，人们可以更好地把握具体对象的本质规律，进而更好地认识客观世界。

简单来说，逻辑思维是一种反映客观现实的思维方式，其建立在因果关系上，整个思维过程需要有理有据、条理清晰。语言、手势、数字，都只是逻辑思维作用于外的一种表现，真正在人与人之间架起桥梁的是逻辑思维，而不是这些外在表现。

从这种意义上来讲，逻辑思维算得上是一种国际化的通用语言，它可以让不懂对方语言的双方顺利完成交易，在交易过程之外，逻辑思维还在更多层面上架起了人与人之间的桥梁。

在花样滑冰比赛中，评委们会从动作完成质量和节目内容两个方面为选手评分。在评定节目内容分时，各位评委们主要从滑行技术、步法衔接、完成程度、编舞和音乐表现几个方面进行评分。为什么要从这些方面来评分呢？这是人们在认识花样滑冰这项运动时，运用多种思维形式理性思考的结果。

具体来说，就是指这种评分机制是由逻辑思维分析推导出来的。选择这些评价标准既有道理又有根据，而且这些评价标准也已经得到了花滑从业者的普遍认可。

国际赛场上，说着不同语言、有着不同信仰的评委们，在为花样滑冰选手们打分时，也是依靠逻辑思维来完成的。只不过在具体评分过程中，某些主观会影响到评委的判断，最终导致各个评委就同一表演给出不同的评分。

在提出“自由落体定律”之前，伽利略曾经做过很多实验，他并不认可亚里士多德所提出的“物体下落速度和重量成比例”的说法。据记载，他曾在意大利比萨斜塔上，将两个重量不同的球体从相同高度扔下，结果两个球体同时落地。

1971 年，阿波罗 15 号的宇航员在月球上让猎鹰羽毛和铁锤在同一高度自由落体，二者也同时落地，这进一步证明了伽利略的论断。

“在不计算空气阻力的情况下，轻重物体的自由下落速度是相同的”，伽利略得到“自由落体定律”运用了逻辑思维，其是对客观现实的正确反映。这些知识内容显然也是国际通用的。

如果将养成逻辑思维能力和学习一门国际化语言做比较，从个人未来发展的角度来讲，养成逻辑思维能力的意义显然要更大一些。这种透过现象看本质的思维方法，能够显著提高我们解决问题的能力。

当电脑无法开机时，使用逻辑思维方法，逐个检查电脑各个硬件的好坏，能够快速排除干扰因素，找到导致电脑无法开机的主要原因。

当我们要选购一件商品，而商家提出各种理由不愿降价时，使用逻辑思维方法，逐个驳斥商家的理由，再将降价理由反推给对方，会更容易砍下价来。

当公司要设计一款新产品时，使用逻辑思维方法，开展客户分析、市场分析、预算分析、技术分析等工作，便可提高新产品推出的成功概率。

如果我们掌握了逻辑思维这门国际化通用语言，便可以更容易看到那些别人所看不到的规律，分析判断事件的未来走势，进而对事件进行一些必要的干预和调整。这样一来，我们便会更容易获得自己所预期的结果。

语言表达能力和逻辑思维的关系

思维决定语言，还是语言决定思维，关于这一问题，学术界还没有一个统一的答案。要搞清这个问题，需要先弄清楚在人类进化过程中，究竟是思维先产生，还是语言先产生，但遗憾的是，这其实是一个“先有鸡，还是先有蛋”的问题。

但语言表达能力和逻辑思维的关系却并没有那样复杂。语言表达是人类沟通的一种重要方式，有的人可以轻而易举地将一件事讲得很清楚，这正是语言表达能力强的表现。而在更深层次，支撑人们语言表达能力的其实是逻辑思维。

在日常生活中，逻辑思维的外在表现主要有四个方面：想、说、写、做。想是一种内在的思考，说是外在的语言表达，写是对文字的运用，做则是具体的行动执行。逻辑思维能力强的人，在这四方面的表现要比普通人好很多。

在为经理介绍一款新产品时，逻辑思维不强的人，在语言表达上也会出现较大问题。

这款产品的搜索指数很高，前期广告费分配也很合理，后续的推广方案也已经设计完成，很多媒体都对我们的产品进行了报道，研发上面资源投入力度再大一些比较好，试用过程中用户的反馈也不错，尤其是咱们找的代言人很好，传播效果应该是有保证的。

如果以上面这种方法向经理介绍新产品，不被炒鱿鱼，那就是经理的脾气好。介绍人看上去说了一大堆内容，各个方面都提到了，但却毫无章法，上半句刚提到后续宣传问题，下半句却绕回前期研发问题上。这并不是语言表达的问题，而是思维逻辑的问题。

在介绍新产品时，介绍人的思维逻辑是混乱的，他想到了要介绍得面面俱到，但却没考虑到要介绍得条理清晰。这可能是他设计

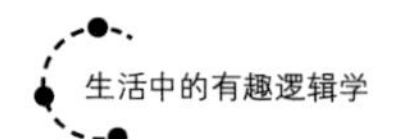

介绍内容时考虑不周，也可能是他的逻辑思维能力本就很差。

那逻辑思维能力强的人会如何来介绍这款新产品呢？

从试用反馈来看，我们的产品是比较成功，也很有前景的。

在前期研发上，我们对这款产品投入了较多资源，这也是产品试用时，用户反馈较好的一个原因。但同时，用户反馈的一些问题需要我们有所重视，有必要的话还需要在研发上增加一些资源投入。

在宣传方案设计上，广告费分配方案已经完成，后续推广方案也顺利通过。代言人在网民中的口碑很好，对产品推广宣传的帮助会很大。

在前期宣传效果上，这个月内，该产品的搜索指数始终排在前五位，很多媒体都对产品进行了报道，试用阶段出现了一些忠实粉丝，在网站论坛上掀起了一阵自发宣传的热潮。初步的宣传效果基本达成，后续按照推广方案来执行便基本可以覆盖目标受众，传播效果是可以得到保障的。

很显然，两个人汇报的内容是基本相同的，主要差异在语言表达的逻辑上。逻辑思维能力强的人不仅一上来就亮明了结论，而且后续的每段论述都限制在固定的范围。这样表达下来，就很容易让人明白此次汇报的结论是什么，支持结论的原因体现在哪几方面，这些方面又包含了哪些具体细节。

反观逻辑思维能力差的人的汇报，只是毫无逻辑地罗列细节，就好像是在给经理提示信息，让经理自己去猜测结论一样。这样的语言表达是不会得到经理的认可的。

逻辑思维能力强的人，所说的话语会连成一条线，如天籁乐曲般，传入别人的耳朵中；而逻辑思维能力差的人所说的话，则会缠绕成线团，堵在别人的耳朵边，发出轰鸣的噪声。

我们在评价一个人的语言表达能力时，会区分出几个层次：第一个层次是能把话说清楚，做到有理有据；第二个层次是说的话有一定影响力，能传播起来；第三个层次是说的话传递出一定的价值观，并且能得到别人的认可。在这三个层次的语言表达能力背后，逻辑思维的水平也是不相同的。

在“把话说清楚”这一层次，只要较低水平的逻辑思维就可以办到。就像上面故事中的汇报工作一样，既然这个人可以将所有与工作的内容都收集到，那只要将按照一定顺序将内容整理好便可以了，这一点即使是没有较强逻辑思维能力的人也是可以做到。

下面是一种简单高效的汇报工作的思维逻辑：

结论先行，再述因果：

工作汇报首先要表达结论，不要上来说一些乱七八糟的废话。给出结论后，接下来要说的就是推导出这一结论的前提，或者说是原因，尽量说得完整详细。

合理归类，逻辑明晰：

在介绍原因时，要将不同原因进行合理归类，类别与类别不要出现交叉。在单一类别中，各个细节原因也要按照一定顺序排列好。按时间排序就都按时间顺序来，按重要程度排序就都按重要程度来，逻辑明晰很重要。

在“话语有影响力”这一层次，需要拥有一定水平的逻辑思维才可以做到。“讲故事”是一个很好的例证，这是一种很有影响力的语言表达方式，通过讲故事，叙述者可以让听众跟着自己哭、跟着自己笑。人类历史的演进发展，最初也是从一个个“故事”开始的。

想要让自己的故事真正吸引别人、影响别人，需要一定水平的逻辑思维才行。说谎、吹牛之所以无法像讲故事一样对他人造成深刻影响，是因为它们背后的思维逻辑是混乱的、是虚假的。植根于现实，运用逻辑思维编织起来的故事，才容易引起他人的共鸣。

陈胜吴广在起义前，鱼腹藏书、篝火狐鸣，正是顺应了古人“不疑神明”的思维逻辑，以及“失期，法皆斩”的客观现实。

到了“话语有价值”这一层次，对叙述者逻辑思维水平的要求就相当高了。能够向别人传递自己价值观的人，不仅是让对方认可自己的话语，还要让对方认可自己话语背后的思维逻辑。

我国古代的诸子百家算是这方面的典型代表，他们的话语和逻辑不只影响了当时的很多人，还深刻影响了百年、千年之后的人。“君子和而不同，小人同而不和”“人无远虑，必有近忧”“三军可夺帅也，匹夫不可夺志也”，这些思想即使到了今天，依然在熠熠生辉。

逻辑思维能力可以帮助我们提高认识和分析事物的能力，同时

也能帮助我们提高语言表达能力和论证能力。我们在语言表达中如果不讲逻辑，就不能正确表述出客观现实，不能正确表达出自己的思想，更难以去影响到别人。

拥有严密逻辑的人总是习惯步步追问

在各类推理小说中，那些鼎鼎大名的侦探们似乎都有一个习惯，侦破案件时，他们往往会对一条线索步步追问。

步步追问以求找到案件的蛛丝马迹，是侦探破案的一种重要方法，同时也是那些拥有严密逻辑的人共有的一种习惯。在日常生活中，这种“步步追问”的习惯可能有些扰人，但在一些特定时刻，这种习惯却可以发挥至关重要的作用。

创业刚满两年，公司业绩却一路下滑，为了搞清楚原因，朱总将负责业务的小胖叫到了办公室。

“这半年公司业务下滑严重，你有什么想法吗？”朱总面带怒气地说道。

“朱总，年初公司走了两个业务骨干，现在又有一款新产品和咱们杠上了，他们搞地推、搞促销，把咱们的顾客都拉走了。如果您给我再招些销售，再给我一点打折的权力，我保证能把业绩提上去！”小胖自信满满地说道。

“招销售没问题，但你说咱们产品价格高，咱们一直都卖这个价格，再打折哪还有利润？”朱总似乎并不同意小胖的观点。

“现在市场竞争激烈,竞争对手降价促销,咱们就得降更多的价，把他们挤出市场才行。您只要把打折的权力给我，不出两个月我就能让公司的业绩翻倍。”说完，小胖眼神坚定地看着朱总。

朱总没有再继续追问，直接批准了小胖的请求。一个月过后，公司的业绩果真翻了一倍，但因为招了几个销售，产品又打了折，计算下来，公司竟然还赔了钱。本就郁闷的朱总现在更加郁闷了。

在与小胖沟通的过程中，朱总的思维逻辑是不严密的，在听到业绩翻倍后，他便停止了追问，这才导致了后续问题的出现。如果朱总能够继续追问，询问小胖打算如何折扣促销、预期销售利润如何，那公司很可能就不会陷入业绩上升、利润下降的困境了。

逻辑思维不强的人在分析问题时，大多只能看到问题的表面，解决问题时也只能停留在表面。一段时间后，新的问题又会产生，还是只解决表面问题，就没办法从根本上解决问题。

逻辑思维强的人在分析问题时，在看到表面问题后，会深入其中去探寻本质问题。要如何实现这一点呢？步步追问就可以了，从问题表面的一个点，逐步追问至深层次的本质问题，再据此来寻找合适的解决方法。这正是逻辑强人的问题解决之道。

那些逻辑思维能力还不那么强,但却想要养成这种“步步追问”习惯的人，也可以试着学习一下“MECE 分析法”，那些逻辑思维缜密的人都掌握了这种方法。

“MECE 分析法”强调相互独立、完全穷尽，也就是说对一个问题的分析要做到无重复、无遗漏。运用这种分析方法将事件划分为不同部分时,必须要保证这些部分符合无重复、无遗漏。运用“MECE 分析法”进行分类时，需要按照下面几个步骤来进行。

1. 确定事件（事物）范围

在运用“MECE 分析法”之前，先要确定事件（事物）的范围和边界，也就是说要确定当下要解决的问题是什么，我们的目的是什么。只有搞清楚这些，才能更有针对性地开展逻辑分析。同时，确定范围也是“完全穷尽”的一个重要前提，否则思考者就要没有穷尽地分析下去。

2. 找到合适的切入点

从哪个角度对事件（事物）进行分类是最好的？切入点不同，事件（事物）的划分结果就会有所不同。在寻找切入点的过程中，思考者需要明确自己要解决的问题是什么，明确自己分析问题的目的是什么，这样才能得出更好的结论来。

在上面的故事中，朱总便选错了切入点，他选择从业绩下滑角度切入问题，在得到小胖“业绩翻倍”保证后终止问题，完全没有抓住问题的关键。他关心的根本问题应该是公司的利润表现，而不是业绩表现。如果他从公司利润下降的角度切入问题，对小胖展开追问，最后就不会出现“业绩上升、利润下滑”的情况。

3. 不断向下拆分

完成一次分类之后，如果还能继续对要素进行分类，就要接着向下拆分，直到拆解到最终目的位置。这里要记住，不断拆分是为了达成目的，而不是为了拆解而拆解。

上面故事中朱总不仅选错了切入点，而且也没有对小胖进行“步步追问”，并没有拆解到最终目的，小胖自然就会一心提业绩，而忽视了本质的利润问题。

4. 检查是否重复、遗漏

事件（事物）被拆解得越细致，我们对事件的认知也会变得更为深入。这时候回头检查已经建构好的思维逻辑路径，看看是否存在重复和遗漏的情况，这可以帮助我们更为高效地达成目的。

做好这四个步骤的工作，一个缜密的思维逻辑路径就会展现在我们眼前，按照这套思维逻辑去开展工作，我们就能更好地达成预期目标。在这四个步骤中，找到合适的切入点去“步步追问”是逻辑分析成功的关键所在。

关于这种“步步追问”习惯，生活中还有一种较为常见的情况，那就是孩子对父母的追问。看见两个人在打架，孩子和父母可能会产生这样的对话。

孩子：妈妈，那两个人在干什么呀？

妈妈：他们在打架呢。

孩子：他们为什么要打架啊？

妈妈：因为矮个男人踩了高个男人的脚呀。

孩子：为什么踩了脚就要打架呢？

……

面对这种奇思妙想般的追问，大多数父母都会很头痛，但无论有多头痛，父母也要坚持让孩子追问下去，并给出正确、合理的解答。在不断地追问过程中，孩子的逻辑思维能力会一点点提升，这会成为父母对孩子做得最好、也是最为简单的逻辑思维教育。当然，打架是错误的行为，这一点父母必须告诉孩子。

逻辑思维能力强的人都喜欢“订计划”

逻辑思维能力强的人在行动之前会先制订好计划，而后一步步推进计划；逻辑思维弱的人做起事来没有条理，总是丢三落四。这种逻辑思维上的强弱区别，决定了他们不同的命运。

一个繁华的小镇同时开了两家包子铺，一个开在东头，一个开在西头。两家的生意互不干涉，恰好能够覆盖小镇的所有住户。

第一年里，两家的生意都比较红火，但在第二年开始，西边的包子铺开始出现颓势，生意一天不如一天。在硬撑了两个月时间后，还是关门了。

西边包子铺的老板不知道为何对手的生意做得红红火火，而自己的生意却做得一塌糊涂。思来想去，怎么也想不通，于是他决定亲自去东边包子铺探查一番。

打扮成客人的西边包子铺老板来到东边包子铺，发现店铺柜台边贴满了纸条，有的纸条写着每日包子销售状况，有的纸条写着工作注意事项，有的纸条写着当月待办事项……看到他在柜台前望得出神，东边包子铺的老板走到他身边说："我这个人就好写这些小纸条，这样才不会忘事，做起事来也更有条理，不然这包子铺一天天要操心的事情可太多了！"

制订日常工作计划并不需要太多的逻辑思考，或者说每个人都有足够的时间来安排自己的工作计划。在这个过程中，我们可以充分思考，通过一种正确的思维逻辑，来制订出合理的工作计划。

东边包子铺的生意能够持久红火，与老板井井有条的经营管理是分不开的；西边包子铺之所以经营不下去，也是因为缺少必要的计划安排所致。在这两种截然相反的状况背后，所体现的正是经营者逻辑思维能力的差异。

逻辑思维影响人们语言表达能力的同时，也会影响人们的行为能力。逻辑思维能力较强的人在做事之前，会理清事情的头绪，还会运用一些科学的方法制订出相应的行动计划。这一行动计划不仅包括对关键节点事件的把握，也包括对未知风险的控制，这两方面工作对解决问题有重要助益。

同样一项工作，有的人不讲方法、埋头苦干，从早忙到晚也没做出多少成绩；有的人制订好计划后，只用半天时间就可以交出让人满意的“答卷”。大多数人认为这是工作方法上的超越，但实际上，工作方法只是浅层表现，两种人的根本差异在逻辑思维上。

在处理日常事件时，逻辑思维能力强的人在开始动手前，会先进行规划，然后将所有事情按照轻重缓急、复杂程度来进行统筹安排，再按计划去一步步开展工作，这样会起到事半功倍的效果。

具体来说，这种思维逻辑主要细分为以下五个环节：

1. 确定问题

无论是要解决一件事，还是一些事，确定好每件事所要解决的问题是首要工作。

有些事件的问题很明显，在确定时相对容易，比如新员工离职事件，所要解决的问题就是“新员工离职的原因”；产品销量下降事件，所要解决的问题则是“产品销量下降的原因”。

也有一些事件的问题不那么明显，那在设定问题时，便要去对标事件的最终目标，比如前面说的业绩下降事件，所要解决的问题应该是“如何使业绩上升、利润上升”。

2. 寻找原因

寻找原因时可以利用“MECE 分析法”。在寻找到多种原因后，通过综合比较找到解决问题的根本途径，而后着手制定解决方案。

3. 制定解决方案

制定解决方案要围绕事件问题的根本原因来进行，适用的解决方案可能很多，在这一环节尽量保留所有方案，但具有明显“上下位”关系的方案可以适当删减。

4. 评估解决方案

评估解决方案是一个做选择的过程，以最少的资源消耗解决问题的方案显然是较好的，但一定要注重方案执行过程中的风险问题，最好不要为了节约资源而去冒太大的风险。评估分析过后，要选出一个合适的方案，并为方案实行做好准备。

5. 实施计划

实施计划是按方案推进工作的过程，这一过程的重点在于对方案推进进程的管控，能否按照预定计划去实施，是解决事件问题的关键。

从“确定问题”到“实施计划”，看上去是一套相对复杂的流程，但其实这些过程在最初都只是一些思维逻辑的片段。**当遇到一件事情时，首先我们脑海中要自觉形成这种解决问题的思维方法，先做什么、后做什么、注意什么、重视什么，把这些片段有序拼接起来，就会形成一套完整的思考问题、解决问题的流程。**

逻辑思维能力强的人在解决一件事情时，会在脑海中形成各种各样的假想方案，在分析比对后，会形成优质方案计划，按照计划去开展行动，就会显得很有条理。拥有强大逻辑思维能力的人可以在很短时间便完成整个方案的思维过程，在旁人看来，他们好像没怎么思考就把事情解决了。这可以说是思维逻辑的“熟能生巧”。

第三章　那些不可不知的趣味逻辑学知识

逻辑学是一种重要的生活工具

逻辑学与生活到底有没有关系？对于这一问题的回答是见仁见智的。有的人认为逻辑学对个人生活并没有太大影响，不了解逻辑学，也可以过好自己的生活；有的人则认为逻辑学是个人生活中必不可少的，因为学好逻辑学才能更好地享受生活、认识世界。

逻辑学穿越历史长河不断演进发展，到今天已经成为一种深度融合实践的科学。如果说在古代文明中，逻辑学是作为一种论辩工具而存在的，那在现代文明里，逻辑学就变成了一种重要的生活工具。

作为重要生活工具的逻辑学，其作用主要表现为以下两个方面：

首先，逻辑学可以帮助我们更好地认识客观世界。在认识客观世界过程中，逻辑学能够帮助我们进行正确的思考，让我们的思维可以正确反映客观世界。

其次，逻辑学可以帮助我们论证思想并表达思想。掌握了逻辑学知识，我们便可以用恰当的思维形式来论证和表达我们的思想。无论是说话，还是写文章，都会涉及逻辑方面的问题，前后语句的衔接是否合乎逻辑，是否能说得通，这些都需要逻辑学知识去验证。

最后，逻辑学还可以帮助我们提高识别错误言论的能力。我们身边存在着各种各样的言论，正确的言论拥有完整的逻辑，经得起实践的检验；错误的言论在逻辑上立不住脚，更不要说去经历实践的检验。逻辑学知识可以帮助我们更好地识别错误言论，并避免自己在言语表达上出现同样的逻辑错误。

三个逻辑学家结伴走进一家酒馆，三人刚一落座，酒馆老板就兴冲冲地跑来问道："三位先生，你们都需要啤酒吗？"

听到酒馆老板的话，第一个逻辑学家有些窘迫地说道："我不知道。"老板的目光很快转移到第二个逻辑学家身上，但没想到第二个逻辑学家同样回答了句"我不知道"。听了前两个人的回答，老板开始期待第三个人的答案，只见第三个逻辑学家笑着说道："是的，我们三个人都要喝啤酒。"

为什么第三位逻辑学家会说"我们三个人都要喝啤酒"，前两位逻辑学家不是回答"不知道"吗？

如果仔细分析酒馆老板和三位逻辑学家的对话，我们便能发现故事中隐藏的玄机。一开始，酒店老板问的是"三个人是不是都需要啤酒”，对于这个问题，前两个逻辑学家显然是无法回答的，因为他们只知道自己是不是喝啤酒，而不知道其他逻辑学家是不是喝啤酒。正因如此，前两位逻辑学家才给出了“我不知道”的回答。

那前两位逻辑学家回答“我不知道”到底意味着什么呢？如果他们不想喝啤酒，那在回答问题时，他们只要说“我不喝啤酒”便可以了；之所以他们会回答“我不知道”，这是因为他们自己想喝啤酒，但却不知道后面的人是否也想喝啤酒。

等到前两位逻辑学家给出自己的回答后，第三位逻辑学家便知道了他们的答案。这时结合自己也想喝啤酒这种想法，他便给出了“我们三个人都要喝啤酒”的回答。

上面这个故事所体现的便是逻辑学知识的作用，无论是在工作，还是在生活之中，人们对逻辑学知识的使用都随处可见。

概念、判断和推理，有趣的逻辑学知识点

在逻辑学中，有很多重要的知识点，从纸面上来看，这些知识点并不怎么有趣，但如果将其运用到生活中，有趣的事情就会随之发生。本节主要针对概念、判断和推理这三个逻辑学知识点进行讲解，看一看它们在生活场景中是怎么变得有趣的。

在一家餐厅中，一桌人一边用餐一边聊着生意。这些人中，有一个人是沈阳人、两个人是北方人，一个人是福建人，有两个人只从事风险投资，有三个人只经营淘宝店铺。

如果说前面这些介绍涉及了所有的用餐人，那请问这一餐桌上最少可能有几个人？最多又可能有几个人？

上面这个问题所考查就是逻辑学中概念间关系的内容，想要解决这一问题，首先要了解逻辑学中的“概念”。

在逻辑学中，概念是反映事物本质属性或特有属性的思维形式，是对象本质属性在人脑中的反映形式，概念是以词来表示的。

概念包括内涵和外延两个方面。概念的内涵指的是概念反映的事物的特性和本质，比如“古董”这个概念的内涵是“具有古文化参考价值的器物”；而概念的外延则是指概念反映的本质属性对应着的事物。比如“古董”的外延是瓷器、陶器、钱币等为人所珍视的古代器物。概念之间相容和不相容的关系由此产生。

了解了逻辑学中的“概念”，再去解决上面的问题就要容易多了。“沈阳人”和“北方人”这两个概念是包含于的关系，所以在计算总人数时，这“一个沈阳人”是要计算到“两个北方人”之中的。

在这一基础上，我们可以运用假设法来推理出结果。在计算最少人数时，假设两个北方人（其中一个是沈阳人）和一个福建人，或从事风险投资或经营淘宝店，那么三个人加上另外两个人，餐桌上最少是有 5 个人；而在计算最多人数时，假设两个北方人和一个福建人都既不从事风险投资，也不经营淘宝店，那这三个人加上另外五个人最多也就是 8 个人。

每一个人都应该遵守法律。

没有一个人可以不遵守法律！

难道有人可以不遵守法律吗？

上述三个语句虽然表述方式有所不同，但所表达的却都是一个判断，即“所有人都应该遵守法律”。

“判断”也是逻辑学中的重要知识点，是对思维对象有所断定的思维形式，它有两个基本特征，一是“都有所肯定或有所否定”，二是“都或真或假”。

所有判断都需要用语句来表达，但并不是所有的语句都能表示判断，关键还要看这个语句是否能够直接表现出判断的逻辑性质。上面三个语句都表达了同一个判断，只是语句形式有所不同而已。

在逻辑学中，判断是概念的展开，一个判断中往往存在多个概念。从这个判断中我们也可以看到概念之间的相互关系。从这一点来说，概念与判断是紧密联系的。在另一方面，判断又是推理的基本要素，正确运用各种形式的判断，是正确进行各种推理的必要条件。

作为逻辑学中另一个重要的知识点，“推理”可以说是逻辑学中最为有趣的部分。它是依据已知判断推出新判断的思维形式，通常由前提和结论两部分组成。一个推理想要得出真实结论，整个推理过程必须要遵循推理的规则，同时还要确保“作为前提的判断为结论的真理提供决定性基础”。

相对来说，逻辑学中的“推理”更注重过程的严谨性和推理形式的正确。根据不同分类方法，逻辑推理又可以分为不同的类别。我们将会在后面的应用篇中介绍。

推理小说之所以能够吸引众多读者，关键的原因就是巧妙设计的情节和严丝合缝的逻辑推理。大侦探们运用各种推理方法抽丝剥茧破解悬疑案件，无疑是最吸引观众注意的部分。

逻辑推理并不只存在于推理小说之中，在我们身边，逻辑推理也无时无刻发挥着作用。

“好好思考”就是逻辑学的基本原理

一天，某泳池的更衣室入口出现了一张告示，告示上写着“穿着拖鞋进入泳池的游泳者，将被罚款 50 元”。

一位顾客看到告示后，找到老板问道：“谁规定你可以罚款的？根据国家法规，罚款规定的制定和实施都要由专门的机构进行，你们没权力罚款！”听到顾客的质疑，老板笑着解释道：“罚款并不是目的，我们是在用罚款的方式来教育那些缺少社会公德意识的人，是为了给大家提供一个干净卫生的泳池环境。”

既然罚款不是目的，那这个款到底还罚不罚呢？从泳池老板的表述来看，这个款应该还是会照罚不误的。但没有罚款权限的人说自己要罚别人的款，这种逻辑本身就是自相矛盾的，其违反的是逻辑学中的矛盾律原理。

逻辑学中的“矛盾律”指的是在同一时刻，某个事物不可能在同一方面既是这样又不是这样。在上面的故事中，“泳池老板不是专门的罚款机构”这个命题明显是正确的，而“泳池老板是专门的罚款机构”这个命题则是不正确的。既然如此，那泳池老板自然是没有权限罚款的。

矛盾律是逻辑学中的重要原理，这一原理要求我们在思考时要保证思维的连贯性，不能前面对一种事物做出肯定判断，后面又将其否定，出现思维前后矛盾的情况。《韩非子》中的“以子之矛，攻子之盾”的故事，就是一种违反矛盾律的逻辑谬误。

在矛盾律之外，逻辑学中还有一些其他的重要原理，就像充足理由律就是其中之一。充足理由律通常表述为：任何事物都有其存在的充足理由。除此之外，同一律和排中律也是不可忽视的逻辑学基本原理。

前提：鲁迅的著作不是一天能读完的。

前提：《狂人日记》是鲁迅的著作。

结论：《狂人日记》不是一天能读完的。

上面这种论述明显是错误的，它的错误主要是在使用“著作”这一概念时，出现了前后不一致的情况。在第一个前提中，“著作”指的是鲁迅所有作品，而在第二个前提中，“著作”指的却是《狂人日记》这一本书，使用的概念前后不一致，是一种典型的违反同一律的谬误。

同一律指的是在同一个思维过程中，任何一个思维环节和思维对象都是确定的，且前后的思维要保持一致。简单来说，逻辑学中的同一律就是要求思维过程中的“事物只能是其本身”。

如果说同一律说的是“事物只能是其本身”，那排中律说的就是“事物只有存在和不存在两种状态，没有中间状态”。在思维过程中，对于任何事物在一定条件下的判断，都要有明确的“是”或“非”，这就是逻辑学中的排中律。

桌子上有金、银、铅三个匣子，金匣子上写着“肖像不在此匣子中”，银匣子上写着“肖像在金匣子中”，铅匣子上写着“肖像不在此匣中”，同时，在三个匣子旁边，还放着一张写着“这三句话中只有一句是真话”的纸条。那么，肖像究竟藏在哪个匣子中？

如果读过莎士比亚的喜剧《威尼斯商人》，应该能很快反应过来，这道难题正是鲍西娅家的“猜匣为婚”测试，只要找到了肖像，便可以迎娶到鲍西娅。想要解决这一问题其实并不难，只要了解逻辑学中的排中律，弄清其中的逻辑就很简单了。

首先，金匣子上的“肖像不在此匣子中”和银匣子上的“肖像在金匣子中”是两句互相矛盾的表述，根据排中律可知，这两句话中必然有一句是真的，而另一句是假的。至于到底哪句是真的，哪句是假的，还要继续看其他信息。

其次，铅匣子上写着“肖像不在此匣子中”，单凭这一句，并没办法判断其真假。那现在从匣子上的信息可以得出的结论为，金匣子和银匣子上的话为一真一假，铅匣子上的话真假未定。

再次，来看桌上的纸条，纸条上写着“这三句话中只有一句真话”。在前面我们已经判断出三句话中至少有一句为真（金匣子或银匣子的话），如此一来，那铅匣子上的话就必然为假，即“肖像不在此匣中”为假。

最后，既然铅匣子上的“肖像不在此匣中”为假，那肖像自然也就在铅匣之中了。由此还可以判断出金匣子上的话为真，而银匣子上的话为假，正好也符合前面的判断。

任何一门科学都有其基本原理，这些基本原理正是这一科学建立、发展的基础，所有与科学相关的活动都需要在这些基本原理的基础上开展。

同一律、矛盾律、排中律、充分理由律就是逻辑学的基本原理。逻辑学的所有相关活动都需要在这些基本原理的基础上开展。不只是逻辑学的相关活动，诸如哲学、社会学、经济学等的活动都需要遵循这些基本原理。

再进一步说，逻辑学的这些基本原理也是人类理性思考的基本原理。一个人如果想要“好好思考”，那他就要时刻关注自己的思考过程是否符合上面提到的这些基本原理，是否偷换了概念，是否存在前后矛盾，是否拥有充分理由。这些基本原理也是判断人类思考准确与否的重要因素。

生活中的“歪理”，大多都是非形式谬误

人是一种社会性的理性动物，社会性决定了我们要与他人交流，而理性则决定了我们必须要进行论证。

为了与他人更好地交流，我们会提出一些观点、看法和立场，或是采取某些行动。而想要让对方相信我们的观点、看法和立场，我们还需要给出相应的理由。证明这些理由可以支持我们的观点、看法和立场的过程，便是论证的过程。

在论证的过程中，谬误是很常见的，它是一种错误的推理。这种错误推理可能是故意造成的，也可能是无意造成的，由此便产生了各种各样的谬误类型。当论证的形式或结构出现问题时，便会产生“形式谬误”；而当论证的内容出现错误等，便会产生“非形式谬误”。

前提 1：如果某人对桃子过敏，那他就不会吃黄桃罐头。

前提 2：小文不吃黄桃罐头。

结论：因此，小文对桃子过敏。

上面这个论证中便出现了一种形式谬误，它的错误在于我们只从小文不吃黄桃罐头和前提 1 并不能推出“小文对桃子过敏”的结论，他可能只是不喜欢吃黄桃罐头而已。这种谬误被称为“肯定后件”的形式谬误，其逻辑论证结构可以表示为：

前提 1：如果 X，则 Y。

前提 2：Y。

结论：因此，X。

“肯定后件”的形式谬误在生活中很常见，却很难被人察觉，主要就是因为这种谬误的两个前提都为真。在这种情况下，大多数人会理所当然地认为结论也必然为真，实际上，两个同样为真的前提，并不一定能够推出绝对为真的结论。

形式谬误的主要问题是在论证形式上便出现了错误，在错误的形式下，任何的论证都是无效的。无论我们将何种内容填充到上面这个逻辑论证结构之中，都没办法得出正确的论证。在日常生活中，我们一定要对这种形式的论证保持警惕，防止自己落入谬误之中。

前提 1：如果我已经连续抛出 5 次硬币都是正面，那第 6 次抛出正面的概率小于 50%。

前提 2：我已经连续抛出 5 次硬币都是正面。

结论：因此，我第 6 次抛出硬币是正面的概率小于 50%。

这个论证里面也包含着谬误，但从论证形式上来看，似乎并没有什么问题。仔细分析可以发现，上述论证的前提 1 是存在问题的，因为每一次抛出硬币，出现正面和反面的概率都是 50%，前一次的结果并不会对后一次的结果产生影响。

由此可以看出，这一论证的问题并不在形式上，而在内容上，它的论证前提是错误的。如果我们忽视掉论证的内容，只看其形式是否正确，就很容易陷入这类谬误之中。

很多人在赌博的泥潭中越陷越深，就是因为相信自己下一次一定能够获胜，但实际上，在每一局中，他能获胜的概率都是 50%。如果其他人运用了一些小伎俩的话，他甚至连 50% 的胜率都没有。在这种并不公平的状况下，赌博者想要获胜简直是痴心妄想。

相对而言，日常生活中的非形式谬误要远多于形式谬误，可以说，生活中那些“看似没问题，却又不对劲”的“歪理”大多都是非形式谬误。

主修经济学的小何利用假期帮助舅舅干农活。看到小何连犁地都不会，小何的舅舅笑着说道：“你们这些大学生啊，一个个都是书呆子，连点基本的农活都干不了。”

舅舅从小何干不好农活，推论出“大学生都是书呆子”，显然是有问题的。他在论证过程中犯了一种以偏概全的谬误。

以偏概全这种谬误在我们的生活中随处可见，其将个体具有的某种性质，扩大为个体所在群体的普遍性质，进而得出错误的结论。小何个人可能确实是个书呆子，但这并不代表他所在的大学生群体都是书呆子。如果想要证明大学生都是书呆子，小何的舅舅还要拿出更多的证据才行。

在小何干完手头的农活后，舅舅拉着小何唠起了闲嗑：“听说迪拜人可富有了，遍地都是黄金！警察都开兰博基尼，乞丐都有好几套房？迪拜人可真好啊，每个人都这么富有！”没等舅舅感慨完，小何又拿起工具干起农活来。

如果舅舅说迪拜的富人多，那小何可能会搭一嘴，但舅舅从“迪拜富人多”推论出“迪拜每个人都很富有”，这就让小何失去了和舅舅搭话的欲望。因为舅舅在这段论述中又犯了一个谬误，这个谬误与前面的“以偏概全”谬误正好相反，可以称为“以全概偏”谬误。

这种谬误忽略了个体的特殊性，将群体的性质简单认为就是群体中每个个体的性质。将个体与群体混为一谈，是这种谬误的典型表现。

看着漫无边际的荒地，小何一阵晕眩，他放下农具，坐在垄沟上休息起来。舅舅看到满头大汗的小何，笑着说道：“怎么，想要放弃了啊？这点农活都干不了，你就是大学毕业了也找不到工作的！”

是的，舅舅的论证中又出现了谬误。“干不好农活”和“大学毕业后找不找得到工作”并不相干，所以从“干不好农活”这一前提是推论不出“大学毕业后找不到工作”这个结论的。论证所得出的结论并非来自前提，这是一种典型的不相干谬误。

如果小何的故事继续开展下去，小何的舅舅可能会犯更多的谬误。在日常生活中，非形式谬误是随处可见的，如果只将注意力放在对方论证的形式上，我们就可能被对方的论证内容所骗，被对方有意或无意设置的非形式谬误所骗。只有了解学好逻辑学知识，多了解一些非形式谬误的典型事例，我们才能轻松识别生活中的各种“套路”。

第四章　预设前提：预设错误前提，达成自身目的

“套路”一：通过预设性谬误设置前提

在某个情境中视为当然的假设，便是预设。如果将当时情境中不能视为当然的假设视为当然，就会犯下不当预设的谬误。

这是逻辑学上关于预设性谬误的一种认定，其中所提及的“某个情境”“不能视为当然的假设”等在逻辑学意义上是颇为复杂的。在理解生活中的预设性谬误时，我们大可不必深究这种谬误在学术上的定义，而只要了解其在生活中的表现即可。

在日常生活中，预设性谬误是一种非常常见的谬误。当一个论证作了不是语境所保证的预设时，这种谬误便会出现。具体来说，这种论证可能假定了论证的结论，也可能假定了所有已表达的相关信息。

小明：我没有跟同学打架，也没有欺负同学。

小明妈妈：你没有跟同学打架，你这脸上的伤是哪来的？你没

有欺负同学，老师会把我叫到学校？你这一天天不好好学习，就知道打架，我这脸都让你丢光了，我看你还是别上学了……

按照这种趋势，小明在遭遇一番暴风骤雨般的诘问之后，免不了还要挨上一顿揍，但小明真的跟同学打架了吗？至少从上面的对话中，我们是得不出任何结论的。小明妈妈的暴风论述虽然看上去有理有据，但实际上却犯了预设前提的错误。

在还没有弄清楚事情真相前，小明妈妈便假定了“小明跟同学打架”这一结论，而她后续一连串论述正是建立在这一结论成立的基础之上。即：

前提：小明跟同学打架了。

结论：小明脸上受了伤。

前提：小明跟同学打架了。

结论：老师叫小明妈妈来学校。

如果“小明跟同学打架了”这一前提确定为“真”，那下面的论证结论便也为“真”；而在前面的情境中，“小明跟同学打架了”只是小明妈妈内心的一种假定。使用这种假定去证明其他结论，便犯了一种预设前提的逻辑错误。

这也正是前面提到的“一个论证作了不是语境所保证的预设”所产生的谬误，其错误的根源在于用假定当前提。

小吉：我新找的男朋友简直太爱我了！

小香：你怎么知道的？

小吉：我男朋友亲口告诉我的啊！

小香：你怎么知道他不是在对你说谎呢？

小吉：我男朋友说他从来不对自己喜欢的人说谎。

上面的论述看上去也是有理有据，但其实也犯了预设前提的错误。但在这段论述中所表现出来的逻辑谬误，显然要比前面小明妈妈预设结论的谬误更为复杂，这里面还涉及了循环论证的逻辑错误。

小吉对“新男友爱自己”的论证，可以简化表现为下列形式：

论证一：

前提 A：我男朋友亲口告诉我他喜欢我。

前提 B：我男朋友从来不对我说谎。

结论：我男朋友喜欢我。

论证二：

前提 C：我男朋友喜欢我。

前提 D：我男朋友从不对自己喜欢的人说谎。

结论：我男朋友没有对我说谎。

显然，小吉并没有像小明妈妈那样，使用假定去证明结论。在第一个论证中，小吉引入了一个前提 B，来支持自己的结论：即在第一个论证中，如果前提 A 和前提 B 都为“真”，那便可以推导出“我男朋友喜欢我”的结论。

在第二个论证中，小吉又引入了一个前提 D，来支持自己的结论：即在第二个论证中，如果前提 C 和前提 D 都为“真”，那便可以推导出“我男朋友没有对我说谎”这一结论。

如果独立看这两个论证，似乎只要能确定这些前提都为“真”，那论证便能成立。但问题在于，这两个论证并不是独立存在的，它们是小香对于一个问题的连贯论证。这样来看，就很明显能看出问题了，小香将第一个论证的结论作为第二个论证的前提，又将第二个论证的结论当作了第一个论证的前提。这便是循环论证的逻辑错误，其假定了所有已表达的相关信息。

预设性谬误的论证会给予结论强力的支持，这也是其很难被人察觉的原因所在。对于日常生活中的这类谬误，我们需要在推理过程中找到论述者的“不当假设”，这样便可以轻松瓦解对方的论证体系，推倒对方的结论。

下面我们通过拆解四个生活中常见的预设性谬误实例，来进一步认识下这种生活中常见的逻辑错误。

1.“三十岁还单身，你压力很大吧？”

新年伊始，小静一大家子都来到大姨家拜年。饭还没有吃，“吵吵闹闹”的寒暄便开始了。大家你一言他一语地诉说着各自的变化，天南海北地诉说着新年的计划，小静正想找个安静的角落坐一坐，却没想到大家谈论的话题突然集中到自己身上。

“静静今年三十了吧？我听你妈说你还单身呢，压力不小吧？”大姨的一番话让小静瞬间涨红了脸，原本的轻松氛围也消失不见，七大姑八大姨们纷纷就解决小静单身的问题出谋划策起来。

现在的年轻人，尤其是那些在大城市奋斗，又不急着成家的年轻人，对这种问题应该并不陌生。“三十岁还单身，压力很大吧”，这种看似嘘寒问暖的关怀话语，反而会让人压力倍增。

大多数人在面对这一问题时，更多会下意识地用言语进行回避式回答：没什么压力、还好、压力大也没办法……这类回答不仅没办法解决问题，反而会引发亲朋好友进一步追问：怎么能没压力呢？还是得多上点心啊！眼光别那么高嘛……

显然，对这种问题给予回避式回答并没太大意义，不回答或是针锋相对地反驳又会伤了和气。这个问题可真是个“烫手的山芋”，让人不知如何是好。

人们之所以对这个问题束手无策，主要是没有发现这个问题的逻辑漏洞所在。实际上，这是一种典型的预设性谬误，在这一问题背后，隐藏着一种叙述者所假定的结论。

前提：你三十岁还是单身。

结论：你压力很大。

前面这一问题可以拆解为上面这种论证结构，但从“你三十岁还是单身”这一前提是没办法直接推导出“你压力很大”这一结论的。显然有一个重要论据被省略掉了，这个重要论据便是“三十岁的人不应该单身”。

前提 A：三十岁的人不应该单身。

前提 B：你三十岁还单身。

结论：你压力很大。

可以看到，在将这个重要论据添加到论证结构中后，整个论证结构就比较完整了。因为“三十岁的人不应该单身”，但“你三十岁还单身”，所以“你压力很大”，这样推论起来就显得“顺理成章”了。与此同时，预设性谬误也就出现了。

“三十岁的人不应该单身”这一前提是如何来的？有什么论据可以证明这一前提为“真”？显然，叙述者拿不出任何论据来证明这一前提，因为这是她所假定的一种结论。

叙述者在证明自己结论的时候，预设了一种错误的假设，并且将这种错误假设巧妙地隐藏起来，如果听者顺着对方的逻辑思路去思考，就很容易被对方“带着走”，进而认可了对方给出的结论。

“三十岁的人不应该单身”这样的错误假设在日常生活中非常常见，这是一类“约定俗成的规矩”，但其实并没有任何法律或道德的条例能支撑它。与之相类似的还有“家务活应该由女人来做”“结了婚的女人都应该生孩子”“爱哭的男人都没出息”等。

在遇到对方用错误假设来论证结论时，应该要如何应对呢？

最好的方法就是拆解对方的论述结构，找到对方所隐藏的错误假设。在日常生活中，应对这种问题的最好方法便是“反问”，让对方自己说出“隐藏的假设”，然后再去驳斥掉这种错误假设即可。

在本节故事中，当小静听到大姨的论述后，可以用诸如“不觉得压力大,为什么三十岁单身就会压力大呢？”这样的语句加以反问。

在听到反问后，叙述者很容易便会抛出自己隐藏起来的错误假设（在她们的逻辑中，这种假设并不是错误的），即“三十岁的人不应该单身”。

当大姨主动亮出这种假设后，小静便可以继续针对这种错误假设进行追问,提出“为什么三十岁的人不应该单身呢？”这样的问题。这样的追问目的是让叙述者为自己的错误假设找出合理论据，但显然，这种错误假设是不存在合理论据的。

当然，她们可能会用“你看看哪个街坊邻居家的孩子没结婚，就你还单身”“别人家孩子二十五六就结婚了”这样的语句来证明自己的错误假设。听上去，这种论述确实有些道理，但从逻辑学意义上来讲，这些论述内容与“三十岁的人不应该单身”这一结论不存在明确的因果关系，并不能作为这一结论的论据来使用。

事实上，仅用几句反问的话语，就想要从根本上扭转他人思维中一种业已形成多年的逻辑，是不现实的。这几句反问可以证明对方思维逻辑的错误，却并不能阻止对方用错误的假设继续追问。

如此一来，可能很多人会觉得了解这类预设性谬误也没有多大价值，根本解决不了实际问题。但掌握判断一件事情真假对错的方法，难道不是学习的最大价值吗？

2.“我减不了肥，怎么办？”

小圆的节食计划已经坚持了半个月，但站到体重秤上一量，却发现自己一点重量也没有减下去。半个多月的坚持没有换来一丝成果，小圆倍感焦虑，倒在沙发上呆呆地望着天花板。

刚刚从外面回来的男友看到发呆的小圆，关切地询问起小圆的状况。小圆有气无力地从沙发上坐起，委屈地对男友说道：“我减不了肥，怎么办？”

如果你是小圆的男友，在遇到这种情况时，你该怎么办？

一些安慰的话肯定是要说的，一些亲密的安抚也是有必要的，但想要真正解决女友的焦虑，就一定要回答好女友提出的这一问题——我减不了肥，怎么办？

乍看之下，这个问题并不难回答，大多数男生应该都遇到过这类问题，但真正能将其解决好的其实并不多，因为这个问题中同样隐藏着一种“预设”。如果没能意识到这种“预设”，就很难将问题解决到位。

那么，女朋友说“我减不了肥，怎么办”这句话中隐藏着那种预设呢？

按照逻辑思考的结构，我们可以将“我减不了肥”作为结论，结合上面的故事，我们知道这是因为小圆半个月节食，体重却丝毫没有下降，而得出的结论。看上去整个论证过程中并没有隐藏什么“预设”，但实际上，“我减不了肥”这个结论还可以继续向前推导。

论证一：

前提：我坚持节食半个月，体重丝毫没有变。

结论：我减不了肥（减肥失败）。

论证二：

前提：……

结论：我要节食半个月减肥。

上面是我们倒推出来的“减不了肥”这一结论的论证过程。很显然，如果想要让“小圆要节食半个月减肥”这一结论成立，需要添加一个必要的前提，这个前提是小圆要节食半个月减肥的原因，也是小圆自己隐藏起来的一种“预设”。

是什么原因导致小圆要减肥呢？“小圆觉得自己很胖”这一前提是很符合思维逻辑的。现在将这个前提添加到上面的论证过程中，便可以看到小圆正常的思维逻辑过程：

论证一：

前提：我现在很胖。

结论：我要节食半个月减肥。

论证二：

前提 A：我节食半个月减肥。

前提 B：体重丝毫没有改变。

结论：我减不了肥（减肥失败）。

很显然，小圆在得出“我减不了肥”时预设了“我现在很胖”这一前提。如果这一前提为“真”，那整个推论便是成立的；但如果这一前提为“假”，那整个推论就是不成立的。

那究竟小圆预设的这一前提是真还是假呢？其实从严格意义上来说，小圆的思维逻辑过程并不严密，即使其所预设的前提为真，整个推论过程也是存在瑕疵的。

但在现实生活中，如果要每个人都用绝对严密的逻辑去交往、做事，整个社会就会变得程式化。人们都预先被植入了固定思维逻辑代码，只能机械化地从事各种工作，这样的生活显然是没有意义的。所以生活之中人们的思维逻辑，在理性之余，还是存在较多的感性因素的。

明确了这一点后，再去追究小圆预设的“我现在很胖”这一前提的真假也就没多少意义了。更何况，女生在产生“我很胖”这一想法时，是不存在任何标准的，200 斤的女生可以说自己现在很胖，

90 斤的女生同样可以说自己现在很胖。只要她们认为这一“预设”为“真”，那就一定是“真”的，后续的推论也就是成立的。

顺着上面这种思路，作为小圆的男友就应该清楚，女友所说的“我减不了肥，怎么办”这种问题，实质上是女友对“我现在很胖”这个问题的一种焦虑。如此，作为小圆的男友就应该从缓解“女友觉得自己很胖”的焦虑入手去回答这一问题。

“你少吃点就好了”“你再多努力努力就好了”“你再胖我也爱你”……这种回答是完全不可取的。

这种回答建立在女友预设前提为“真”的基础上，也就是认可了女友现在很胖，并觉得女友在减肥这件事上的努力还不够。当听到这种回答后，女友不仅不会减少焦虑，反而会增加一些愤怒，事情就很容易朝着不好的方向发展。

在这件事上，作为男友，首先要努力去减少女友的焦虑，即要对女友所预设的前提进行否定。“你也不胖啊”“你还要减肥干吗？”“谁说你胖了”……简单几句话推翻女友预设的前提，而后再想办法与女友一同应对当前问题。

节食半个月却一点体重没有掉，可能是女友节食的方式不正确，也可能是女友平时吃得就比较少，所以节食效果不明显，适当进行一些运动配合节食，可能会取得比较好的效果。通过一系列对问题的分析，帮助女友重新建立起减肥的信心，这才是正确应对这类问题的方法。

当然，逻辑学并不能解决人类的心理上的问题，但运用逻辑学的思维方法，却可以帮助我们发现隐藏在表面问题背后的根源问题。正如本节的故事一样，搞清楚女友真正在焦虑什么，才是逻辑学知识运用的价值所在。至于真正解决女友所面对的问题，则需要考虑更多方面的因素，结合更多的科学知识才行。

3.“有钱人谁用网购 App 啊！”

宿舍已经熄灯许久，小王、小李、小孙三人却举着手机在屋内走来走去，嘴里还不停地念叨着什么。

小王：快点儿！ 23 点整准时抢了！

小李：赶紧把 App 打开，多刷新几次页面！

小孙：小赵你怎么不一起来抢啊，买到就是赚到啊！

小赵：不了不了，我要睡觉了！

小王：人家有钱人谁用网购 App 啊，网购 App 可买不到质量好的商品。

小李：是啊是啊，有钱人可是不差钱。

小李：得了得了，都小点声。

听了小王、小李的话，小赵心里很不是滋味，但又不知如何反驳，一个人盯着房顶，久久无法入睡。

“有钱人谁用网购 App 啊”这种论述显然是不正确的。与前面几种生活中常见的预设性谬误一样，这种论述同样是预设前提的谬误。但不同之处在于，这一论述所预设的前提不止一个，其谬误表现为假定了所有已表达的相关信息。

在上面的故事中，小王认为"有钱人都不用网购 App"是因为"用网购 App 买不到质量好的商品"，因此其思维逻辑过程可以表示为：

前提：用网购 App 买不到质量好的商品。

结论：有钱人都不用网购 App。

按照逻辑学中的论证方法，小王的思维逻辑论证还缺少些前提。如果想要让小王的思维论证过程成立，至少还要预设一些其他前提：

前提：有钱人都喜欢买质量好的商品。

前提：用网购 App 买不到质量好的商品。

结论：有钱人都不用网购 App。

如此来看，小王的思维逻辑过程就显得完整多了，但完整是完整了，小王所预设的这两个前提是正确的吗？

很显然，"用网购 App 买不到质量好的商品"是一种不符合现实的错误预设，单从这一点，便可以推翻小王的整个推导过程。而"有钱人都喜欢买质量好的商品"这一前提同样是错误的，这种错误与"所有的乌鸦都是黑色的"一样，属于一种轻率概括的谬误。

为了证明自己的结论，小王预设了两个前提，并且假定这两个前提都为“真”，但实际上，这两个前提都是错误的，所以他所得出的结论也就是错误的。

与小王的论证过程一样，小李在论证过程中，同样也引入了一些预设前提，不然单纯从“有钱人不差钱”，是没办法推导出“有钱人都不用网购 App”的。

前提：有钱人不差钱。

前提：不差钱的人都不用网购 App。

结论：有钱人都不用网购 App。

在加入“不差钱的人都不用网购 App”这个前提后，根据逻辑学的论证方法，上面的论证过程才能成立。但很显然，“不差钱的人都不用网购 App”这种预设是错误的，“有钱人不差钱”这种预设前提同样也是错误的。

用两个假定的错误前提推导出来的结论，自然也是毫无逻辑可言的。小王和小李在这件事上都犯了同样的预设前提的错误。为了证明自己的结论，他们预设了各种必要前提，假定自己所表达的所有信息都为“真”，但实际上这些内容都只是一派胡言，毫无意义可言。

日常生活中，恰恰是这种毫无逻辑、毫无意义的“胡言乱语”成为人们竞相传播的言语，甚至还被一些人奉为圭臬。他们以此来攻击别人，标榜自己，即使自己所说毫无逻辑，也能起到预期之中的效果。

在面对这种毫无逻辑的话语时，转过自己的头，塞住自己的耳朵,不去在意就好了。晴朗的天空也会突然降下雨滴,但当阴云过去，太阳又会成为天空的主角。掌握好生活中的逻辑学理论，会让我们更加理性地看待各种问题，正所谓："宠辱不惊，看庭前花开花落；去留无意，望天上云卷云舒。"

4. 这件事就是错的，因为它本来就不对

医学学士阿尔冈申请参加全国医学会，通过了基础笔试后，医学博士们正在对他进行面试。

医学博士 A：这位学识渊博的学士，你是我十分欣赏的人。现在我想问你，为什么安眠药可以引人入睡？

阿尔冈：这位高明的博士，您问我安眠药可以引人入睡的原因，我的答案是：由于它本身具有催眠的力量，自然就会使人的知觉麻痹。

医学博士 A：好，好，好，回答得真好，你完全够资格进入我们的医学团体。

医学博士 B：那你能说说为什么安眠药会具有催眠的力量吗？

阿尔冈：安眠药之所以会具有催眠的力量，是因为它能够麻痹人的直觉，能够引人入睡。

当被问及“安眠药为何会引人入睡”这一问题时，阿尔冈给出了“安眠药具有催眠的力量”这一解答。这种回答有问题吗？看上去似乎没什么问题，安眠药之所以能催眠，是因为它具有催眠的力量。

当被追问“为什么安眠药会具有催眠的力量”时，阿尔冈则给出了“安眠药能麻痹人的直觉，引人入睡”这一解答，这种回答有问题吗？看上去似乎也没什么问题。

两种论证单纯来看似乎没什么问题，但如果放在一起来看，问题就出现了：

前提：安眠药会使人知觉麻痹，具有催眠的力量。

结论：安眠药能引人入睡。

前提：安眠药能使人知觉麻痹，引人入睡。

结论：安眠药具有催眠的力量。

很显然，阿尔冈在论证过程中将后一个论证的结论作为第一个论证的前提，而将前一个论证的结论当作了后一个论证前提，这是一种典型的循环论证。

循环论证是一种很容易识别的谬误，其标准形式为“因为 A，所以 A”，论证者将“结论”用作“前提”去证明“结论”，从而使得整个论证可以无限循环下去。

阿尔冈在论证“安眠药引人入睡”时，所设定的前提“鸦片具有催眠作用”，实际上是“安眠药引人入睡”这一结论的一种变体，只是换了一种说法而已。也就是说，在解答这个问题时，阿尔冈并没有给出任何新的有价值的前提，而只是预设了结论的正确性，并将其作为前提来使用了。

在日常生活中，这类循环论证很常见，一些人在论证某个人的行为是错误的时候，总会以这件事就是不对作为前提，即：你这么做错误的，因为这样做本来就不对。

像这样的循环论证，很容易就能被识别，但还有一些在生活中司空见惯的循环论证却被当作“真理”，被反复运用。

看到上小学的孩子不爱吃蔬菜，王妈妈总会用同样一句话来哄着孩子吃饭：你看你大表姐多爱吃蔬菜，所以她的皮肤才这么好；你要是想让皮肤变好，就也要多吃蔬菜才行。

这套说辞也犯了循环论证的错误，但却丝毫不影响人们用其去讲道理。这种循环论证所引用事实是可信的，即：吃蔬菜确实对皮肤有好处，但将其作为论证的依据，显然是不合逻辑的。

人类如果都以这样的逻辑方式去沟通、去思考问题，那社会也就不能再发展了。这就好比那些在商场中用 PPT 来绘制宏伟蓝图的人，他们所论述的确实是一个美好的商业未来，但只有当这种商业模式成为现实时，这种商业未来才会到来。说来说去，还是在原地绕圈，绕晕投资人即是胜利。

在应对这些循环论证时，最好的方法就是直接指出对方将结论用作前提的事实，让对方或其他人都认识到对方的前提和结论其实都在说同一件事。

对方如果是在无意识的情况下使用了循环论证，那我们只要指出对方的问题即可；但如果对方是有意使用循环论证，想要妨碍正常讨论的进行，那我们就要有理有据地应对对方的“胡搅蛮缠”。

有意使用循环论证的人，经常会使用一些带有震慑性的、绝对的词汇，比如“显而易见”“傻子才不知道这个道理”……对方认为自己的论证简单明了，不需要再添加别的论据，其实他们是在以一种进攻性的话术来排斥别人可能的对自己的反驳。

在这种情况下，为了揭穿对方的错误逻辑，我们很有必要承担被当作傻子的风险，对着对方说道：“大多数‘聪明人’也不知道这个道理……”

“套路”二：使用复杂问语设置前提

当一个问语中还隐含着另一种问语，并且无论我们对前一个问语进行何种回答，结果都会导致我们对后一问语给出了肯定回答。这种“问中有问”的提问便是复杂问语，其在日常生活中非常常见，但也经常被人们忽视。

小贾：你打过群架吗？

小易：没有。

小贾：你骗过小孩吗？

小易：没有。

小贾：你偷东西被抓住过吗？

小易：没有。不对！我没有偷过东西啊！

在上面这段对话中，出现了三句问语，在前两个问语中，并未包含其他预设问语，所以前两句属于简单问语，只要给出肯定或否定的答案便可回答；第三句问语中包含了一个预设问语，所以第三句问语是复杂问语，不能单纯用肯定或否定回答来应对。

问语一：你偷过东西吗？

问语二：你被抓住过吗？

第三句问语可以拆分为上面这两个问语。很显然，在对话中，第一个问语已经被小贾假定为“真”，即“你偷过东西”。在这种情况下，他刻意隐藏了自己的预设问语，向小易确认第二个问语的真假。这时候，小易无论给出肯定回答，还是否定回答，都相当于肯定了小贾的预设问语。

上面这种复杂问语假定了某个预设为真，但事实上，这个预设要么是假的，要么是存在疑问的。通过将这种真假存疑的预设隐藏在提问中，进而达到自己的目的。这样的复杂问语，在辩论或外交场合应用更为普遍。

在一场大型演讲中，一位颇具影响力的政治家对着听众提出了自己的疑问："我想问问我的对手，他是否同意总统所实施的、正令我们国家走向灭亡的各种灾难性的政策？"

如果这个问题是向你提出的，你该如何去回答？

从前面所讲的内容来看，对于这个问题，不回答就是最好的回答，因为无论我们给出肯定回答，还是否定回答，都意味着我们认可了"总统的政策是灾难性的""这些政策正令我们的国家走向灭亡"。很显然，这位政治家在给对手设圈套，等着对手自己跳进来。

除了上面讲到的这种形式，复杂问语还有另外一种形式。这种形式的复杂问语表面上看只是一个问题，但实际上其中却包含了两个或多个问题，而且每个问题都有自己的答案。在面对这样的复杂问语时，单纯给出肯定或否定回答也是不行的。

同样是这位政治家，这次他面对的是总统候选人。他向这位总统候选人问道："如果你当选总统，你是否还会继承贵党的'优良传统'，不断把财政资金浪费在那些毫无意义的方案计划上？"

上面这个问句包含着两个问题，即"你是否会继承贵党'优良传统’”和“你是否会不断把财政资金浪费在那些毫无意义的方案计划上”。但显然，政治家并没有打算让总统候选人分别回答这两个问题，而是将两个问题捆绑在一起，要求总统候选人以“是”或“否”来给予回答。

这时候，如果总统候选人回答“是”，那就意味着他会继承党派的“优良传统”，而这个“优良传统”就是不断把财政资金浪费在毫无意义的方案计划上；如果总统候选人回答“否”，那就意味着他不会把财政资金浪费在那些毫无意义的方案计划上，同时也不会继承党派的“优良传统”。显然，无论怎样回答，都会让自己陷入困境之中。

政治家通过这种复杂问语为总统候选人设下了一个圈套，只要总统候选人对政治家假定的问题进行回答，无论是肯定回答，还是否定回答，都会让自身陷入困境之中。

上面提到的两种复杂问语形式，从根本上都是提问者先预设了一个问语为真，而后将其隐藏或嵌入提问之中。如果回答者只对提问进行肯定或否定回答，就会导致预设的那个问语被确认为真。

基于这种情况，在应对复杂问语时，将问题拆分，理顺对方的问题结构，找到对方所预设的问题，是较为有效的解决问题的方法。

1.“你是要加‘烤肠’，还是要加‘王中王’？”

某天一早，小军路过街边的煎饼摊，看到并没有几个人排队，便走上前去要了一套煎饼。老板一通操作行云流水，摊饼敲蛋一气呵成，刚刚刷完酱料，老板问道：“你是要加‘烤肠’，还是要加‘王中王’？”

听到老板的提问，小军先是愣了一下，随后顺口答道：“加‘王中王’吧！”听到小军的回复，老板又是一通行云流水的操作，很快便将摊好的煎饼交到小军手中。

付款离开后，小军总是感觉似乎哪里出了问题。他一边走一边嚼着煎饼，突然有种恍然大悟的感觉，自己吃煎饼从来都是不加肠的。

吃煎饼从来都不加肠的小军，为什么这一次加了一根“王中王”呢？想来想去他也不知道问题出在了哪里，如果小军掌握了逻辑学的知识，尤其是了解复杂问语方面的内容，那他在恍然大悟之后，就会发现，自己其实是被煎饼摊的老板“套路”了。

煎饼摊老板使用复杂问语向小军发问，让小军从烤肠和“王中王”中选择一种肠加入。看上去这是一个选 A 或选 B 的问题，但实际上，在这个选择问题之下，煎饼摊老板却预设了另一个前提：你要加肠。

煎饼摊老板并没有直接问“要加‘烤肠’吗？”或是“要加‘王中王’吗？”这两个问题属于简单提问，小军可以直接以“加”或“不加”的方式给予回答。如果小军选择不加肠，那老板的提问便失去了意义（老板当然是想让顾客在煎饼中加料的）。

对于小军是否要加肠这个问题，煎饼摊老板直接将其预设为肯定回答，即小军要加肠。而后他通过巧妙的提问方式，将这种预设植入到自己的提问中，让小军在两种肠中选择其一加入煎饼中。在这种情况下，小军无论选择哪种肠，都是做出了肯定回答。

小军本来没想在煎饼中加肠，但老板通过使用复杂问语让小军主动选择加肠，这样做既没有欺骗顾客，又让自己赚到了钱，确实是个不错的生意手段。

从复杂程度上来说，煎饼摊老板所用的复杂问语其实并没有那么“复杂”，只要我们能找到他在提问中隐藏起来的预设，便可以从容应对这一提问。

上面故事中的小军之所以一时愣了神，正是因为老板的提问与自己的预期并不相符。但饼在板上煎，小军需要立刻回应老板的提问，所以只得匆忙选择问题中的一个答案。其实，小军只要等上两三秒，让老板的问题在自己脑海中转上一转，他就会意识到自己不想要加肠这件事，如此，直接以“不加肠”来回答老板的提问即可。

煎饼摊老板所使用的这种复杂问语，更多是为了达到自己多卖货的预期目的，虽然比较容易被人“识破”，但在很多情况下，还是比较有效的。使用这样的复杂问语应对成年人，可能失败概率较大，但如果将其运用在孩子身上，成功的概率就会增加许多。

在家庭教育中，父母也可以试着采用这种复杂问语的方式，让孩子按照自己的意愿去做事。这要比用命令的口吻勒令孩子去做事，要有效得多。下面列举几种父母教育孩子的复杂问语形式：

当想让孩子去睡觉时：

命令口吻：快去睡觉！

复杂问语：你准备什么时候睡觉？

当想让孩子做作业时：

命令口吻：去做作业！

复杂问语：你准备什么时候去做作业？

当想让孩子把电视关掉时：

命令口吻：把电视关了！

复杂问语：你准备什么时候关掉电视？

乍听上去，复杂问语提问只是语气更柔和一些，可实际上，这些看似简单的复杂问语中，都预设了提问者想要获得的结果。

在“你准备什么时候睡觉？”这个提问中，父母已经预设了“你要睡觉吗？”这一提问，并认定其为“真”。如此，孩子在面对父母提问时，就要给出一个确切的睡觉时间。等到了这个时间点后，孩子也就会按照自己定好的时间，上床睡觉。

需要注意的是，在孩子幼小阶段，适当以这种方式与孩子沟通是没问题的；但当孩子已经具备了独立思考的能力之后，父母就要有意识地避免对孩子使用这种复杂问语，此时的父母应该更多为孩子介绍一些逻辑学的理论知识，多培养孩子的逻辑思维能力。

2. “你现在还吹牛吗？”

一日凌晨，民警小罗刚刚完成巡逻工作，准备返回警局。当他走到一胡同出口时，发现一名黑衣男子怀中抱着几台笔记本电脑，神色匆忙。出于警察的直觉，小罗上前询问情况后，将其带到警局协助调查。

在经过一系列基础询问，并仔细查看了这些笔记本电脑后，小罗与黑衣男子展开对话。

小罗：这些笔记本电脑都是你的吗？

黑衣男子：是的。

小罗：我看这些笔记本款式都挺老的了，你这是用了多久了啊？

黑衣男子：有三四年时间了。

小罗：这些笔记本电脑都是你自己一个人用吗？

黑衣男子：都是我自己用的，我这个人离不开电脑。

小罗：你那几台笔记本电脑的屏幕都有裂纹了，你也不想着换一换？

黑衣男子：这不正打算收拾收拾嘛，就被您带到这里来了。

小罗：那些裂纹都是怎么弄的啊？

黑衣男子：都是小孩子摔的，小孩子比较淘气。

小罗：这些笔记本电脑的显示屏根本没有裂纹！在我再次提问之前，你还有什么想说的吗？

笔记本电脑的显示屏并没有裂纹，但小罗却在复杂问语中，预设了“笔记本电脑屏幕有裂纹”这件事。正是这般操作，才让黑衣男子露出了破绽。如此来看，复杂问语在问询和探案时还能发挥一定的积极作用。

复杂问语多用于询问情境之中，询问一方通过复杂问语，将自己预设好的结论设置在提问中。如果询问者知道这种预设的真假，便可依据作答者的回答来判断其话语的真假。复杂问语的这种作用，让其在很多场景中都有“用武之地”。

在一场面试中，公司老板对应聘者进行一系列基础询问后，提出了一个奇怪的问题。

老板：“年轻人，你的各项条件都很符合我们公司的要求。在最后，我有一件事要提醒你。”

应聘者：“先生，您请说。”

老板：“如果你想在这里工作，我希望你牢记一点：在这个公司里要保持干净，你进门时在蹭鞋垫上蹭鞋了吗？”

应聘者：“是的，先生。”

老板：“另外还有一点也是我们特别看重的，那就是诚实。门口根本没有蹭鞋垫。”

很显然，老板一早便知道门前没有蹭鞋垫，他使用复杂问语设计了一个“陷阱”，即“门口有蹭鞋垫，并且员工进门要蹭鞋”。倘若对方诚实，并且注意到门口没有蹭鞋垫，那他便应如实回答“门口根本没有蹭鞋垫”；如果对方没有注意到门口的蹭鞋垫，那他便应回答“对不起，我没有注意到门口的蹭鞋垫，下次一定多加注意”。

实际上，公司老板提出这个问题，所考察的并不是应聘者爱不爱干净，而是要考察面试者是否诚实。从结果上来看，面试者显然是不诚实的。

从这些例子可以看出，在多数情况下，问句中的预设通常会被作答者当作已知条件或事实来接受。这看上去很奇怪，人们为什么倾向于对别人提出的自己不知道的事情给予肯定回答呢？这种心理并不好理解，或者说，这并不是一种有规律的心理反应，而只是作答者对提问者提问态度的一种反应。

在公司老板和应聘者的对话中，老板用复杂问语强调了公司的“态度”，即员工要在公司保持干净，进门前要在蹭鞋垫上蹭鞋。如果你没有蹭，那就说明你不爱干净。从应聘者的回答来看，他显然是感受到了公司的这种“态度”，而且也并未注意门口是否有蹭鞋垫这件事，为了迎合公司的“态度”，他只得撒谎自己蹭了鞋。

这种存在预设前提的问句确实不好回答，如果不在第一时间拆解出提问者想要询问的主要问题，单纯给出“是”或“不是”的回答，就很容易掉入对方预设的“陷阱”。如果这一复杂问语是“不怀好意”的，那回答这一提问就会对我们造成伤害。

比如，当有人提出“你现在还吹牛吗？”时，直接回答“是”或“不是”，都不是好的选择。回答“是”，意思是你不仅过去爱吹牛，现在依然爱吹牛；回答“不是”，意思是你现在已经不吹牛了，但过去爱吹牛。

给出肯定回答也不是，否定回答也不是，那究竟应该怎样应对这种有预设前提的问句呢?

如前面所说，第一时间将问题拆解是最好的应对方法。“你现在还吹牛吗？”这一问题，看上去是针对你现状的一种提问，但从深层次来看，其是想让你承认自己爱吹牛这件事，不论是现在，还是过去。只要你给出肯定或否定的回答，你就承认了吹牛这件事。搞清楚这一点后,这一问题就很好回答了,用“我什么时候吹过牛！”或“我从来不吹牛！”来直接否定就好了。

对于“不怀好意”的复杂问语，拆解问题，并针对问题本质给出回答，便是一种较好的应对方法。

3.“你想要感谢谁？”

很多记者在提问时都会使用复杂问语，以求获得自己想要的答案。在一些颁奖典礼或体育比赛之后，记者提问环节都会问到“你想要感谢谁”的问题。对于记者们来说，这是一个惯常的提问，似乎并没有过多意指，但对于被提问者来说，这种被预设好前提的提问却并没什么意义。

相比于这种意义不大的提问，一些记者的提问虽然没有预设前提,但却有些不知所谓。比如,在一场赛后采访中,一位记者问道:“刚才的比赛你尽力了吗？”面对这一提问，运动员一边喘气一边挠头不知如何回答。

同样是一场赛后采访，这位记者又语出惊人地问道：“这次比赛应该是靠实力赢下来的吧？”听到这一问题，一旁的运动员面露愠色，但却没有发火，只是淡淡地说了个“是的”，便匆匆走开了。

很多时候，尤其在采访过程中，主持人的提问中便掺杂着预设的前提。如果嘉宾没有注意到这种预设前提，而顺着主持人的提问进行回答，就很容易引发不必要的麻烦。

对于这种复杂问语，最好的应对方法就是不回应，或者说“顾左右而言他”，将话题岔开。既然这条路上被设置了“陷阱”，那就走另一条路，或者让对方先走一步，自己再走一步。

当然，想要做到这一点，一个重要的前提是你要能看清楚对方的提问，找到其中被预设的前提。如果找不到预设的前提，想要应对也是无从下手的。

4.“你在送我礼物前，能让我先看一看吗？”

小绿与小勇是同事。有一天下暴雨，小勇见到小绿一个人在外面等车，虽然在工作中他们没什么交集，但出于同事情谊，小勇还是开车将小绿送到家中。

一周后，又是一个下雨天，这次没等小勇开口，小绿便对小勇说：“勇哥，你在送我回家前，能陪我去一趟超市吗？”原本打算去接女友的小勇先是犹豫了一下，但出于同事情谊，还是答应了小绿的请求。他开着车先把小绿送到超市，又送回了家，结果因为堵车，耽误了接女友的时间，被女友臭骂了一顿。

故事中小勇的作为真是不应该，明明要去接女友，却半路送同事回家，不止送同事回家，而且中途还去了趟超市。如此折腾必然会浪费不少时间，耽误了接女友，挨一顿骂也是不冤枉。但值得注意的是，明知道会耽误时间，小勇为什么还要送小绿去超市呢?

小勇具体的内心活动我们自然无法知晓，但通过逻辑学理论的分析，我们却可以大致摸清小勇做出这种决策的原因所在。

遇到下雨天，开车送打不到车的同事回家，从同事情谊角度来讲，是一件很正常的事。正因如此，第一次下雨时，小勇才送小绿回了家。在第二次下雨时，小勇并没有开口要送小绿回家，而是小绿主动向小勇发出了请求。小绿的请求很有意思，他说“你在送我回家之前,能先陪我去趟超市吗？”,这个请求中其实包含两层意思：

意思一：你会送我回家。

意思二：你会陪我去超市吗？

很显然，从故事的前因后果来看，“意思一”是小绿预设的一种前提,而“意思二”是小绿所表达出来的请求。本应是两个请求，却被小绿变换成了一个请求，换一个角度来想，小绿的请求又有一种“你都答应送我回家了,顺路送我去趟超市怎么不可以？”的意味。

在面对小绿这种提问时，小勇无论给出肯定回答，还是否定回答，都是不妥的，因为无论哪种回答都会肯定“你会送我回家”这一前提。这对于小勇来说确实有些进退维谷，最后出于同事情谊，他才答应了小绿的请求。

与这种复杂问句相类似的问句还有很多，其多出现在请求场景之中。当我们想要请求别人帮自己做两件事，直接向对方提出这两件事，很可能会遭到对方拒绝，或者两件事中的一件遭到对方拒绝；如果我们将其中的一件事预设为对方给出肯定回答的前提，而将另一件事作为请求提出，对方很可能会接受我们的全部或部分请求。

比如，当我们想要约喜欢的女生逛街看电影时，直接问“明天去逛街看电影吗？”很可能被对方一句话回绝——“不去,没兴趣”。但如果我们用“明天逛街之后看个电影怎么样？”来发问，对方没办法一句话回绝这两种请求，因为对方无论给出肯定回答，还是否定回答，都会认可逛街这件事。当然，如果对方真的不喜欢和我们逛街看电影，再怎么变着方法提问，也是白费工夫的。

上面这种比喻似乎不太常用，这种复杂问语还有一种更为独特的用处。在日常生活中，也有人很擅长使用这种方法来提问，很容易便能达到预期目的。

小丽是个很爱社交的人，长得漂亮，能说会道，结交了不少好朋友。每次过生日前，小丽都会提前通知这些好朋友，告诉他们不要浪费钱，乱给自己买礼物。她对每一个朋友都会说：“你在送我礼物前，能先让我看一下吗？别再浪费钱买一些不实用的东西了。”

在她的劝说下，朋友们送的礼物一次比一次贴心。在她看来，这种方式既节省了朋友的钱，又给自己制造了惊喜。

小丽使用这种复杂问句的预期目的很简单，不让朋友浪费钱买一些自己不需要的礼物。从故事的结果来看，小丽使用这种复杂问句，达到了这种预期目的。

小丽所使用复杂问句似乎并没有两重意思，她只是要求朋友在给自己买礼物前，让自己先看一下。虽然没有多重意思在其中，但小丽同样预设了一个前提，那就是“你会送我礼物”，既然“你会送我礼物”，那“让我提前看一看”又有什么不可呢？

这种复杂问句应用的问题在于，在提问之前，朋友是否都会送给小丽礼物？如果都会送，那小丽的提问是可以理解的；如果本来不会送礼物给小丽的朋友被问到这个问题，那小丽的提问就有些硬要别人送礼物的嫌疑了。

这和前面两个复杂问句有异曲同工之妙，我们可以将之称为“得寸进尺式”复杂问句，或者说成“得尺进寸式”复杂问句更为贴切一些。通过将一种请求预设为前提，隐藏在另一种请求之下，无论对方是否认可表面请求，都是对隐藏请求的认可。

在应对这种复杂问句时，拆解问句，逐个回答，是一种较好的方法；或者直接找到预设前提，对其给予否定回答，也可以一击解决掉这种复杂问句。

第五章　夸张表述：通过夸张表述，逼迫别人妥协

“套路”三：夸张表述，制造滑坡谬误

当你轻轻推倒第一枚骨牌后，其余的骨牌就会产生连锁反应，在第一枚骨牌之后依次倒下。这项起源于中国北宋时期的游戏直到现在依然风靡全球。

从物理学角度来讲，多米诺骨牌在倒下的过程中，重力势能会转化为动能，每枚骨牌倒下时所具有的动能都要比前一枚骨牌的动能大，正因如此，骨牌倒下的速度也会一枚比一枚快，其依次推倒的能量也会一枚比一枚大。

跳出物理学领域，人们常用多米诺骨牌效应来指代一系列连锁反应，这一连锁反应通常由一个很小的初始能量引发，但最终所造成的影响却要远超初始能量所引发的结果。比如“砍伐一棵树，会破坏地球的生态环境”“荒废一天时光，人生就会惨淡收场”“一场局部战争，就会摧毁整个人类文明”……诸如此类论断，都是对多米诺骨牌效应的描述。

春秋时期，吴国边境城邑卑梁的一位姑娘和楚国边境城邑钟离的一位姑娘相约一起采集桑叶。两人在做游戏时，吴国姑娘不小心踩到了楚国姑娘的脚。楚国人看到自家姑娘受伤，纠结了一群同乡去谴责吴国人，但谁想到吴国人态度十分强横。这让楚国人很是愤怒，一气之下杀光了在场的吴国人。

这一举动引起卑梁的守邑大夫的震怒，遂发兵攻打钟离。楚王得知此事后，十分生气，遂率大军灭了卑梁。由此，吴国与楚国之间爆发了较大规模的战争，双方士兵和百姓伤亡惨重。

从小小的踩脚事件，演变为两方的大规模战争，多米诺骨牌效应像是一种无形的力量，在推动整个事件的发展。由此看来，前面提到的诸多论断似乎也有一定的道理，砍掉一棵树，就会毁掉整片森林，只是想一想，就很可怕。

在逻辑学的理论框架中，那些看似很可怕的事情，背后其实往往都没什么逻辑依据。砍一棵树就会毁掉整片森林，那难道我们就不用木材了吗？从逻辑学角度来讲，上述这些论断本身而言，在不考虑其他外延因素时，都属于滑坡谬误。

所谓“滑坡谬误”，指的是在没有具体证据的前提下，假定某件事或者某个行为发生后，会必然接着引发一系列的事情或行为，这些事情或行为通常会不可避免地导致某个具体的、不好的后果。

当一件事情发生后，会导致其他一系列事件陆续发生，这就好比我们站在一个无限向下延伸的斜坡上，如果没有摩擦力，那我们便会沿着这个斜坡一直向下滑，一刻也无法在斜坡上停留。但在现实世界中，摩擦力是存在的，事物之间的因果关联也是复杂的，并不是所有单一事件都能解释一系列复杂事件的产生原因。

砍伐树木确实是一种破坏生态环境的表现，但砍伐一棵树就是破坏地球生态环境的话，那抓捕一头野猪，便会导致整个野猪种群的灭绝，这样理解显然是不正确的。当然，如果对地球上的树木乱砍滥伐的话，倒确实是会破坏地球的生态环境。

“砍掉一棵树，就会破坏地球生态环境”论断的错误主要表现在论述者无限放大了“砍掉一棵树”的负面影响，论述者的逻辑论述结构应该为：

前提 1：砍掉一棵树。

前提 2：砍掉了一棵树，就会继续砍掉第二棵树。

前提 3：砍掉了第二棵树，就会继续砍掉第三棵树。

前提 4：砍掉了第三棵树，就会继续砍掉更多的树。

结论：越来越多的树被砍掉，地球的生态环境就会遭到严重破坏。

从上面的逻辑论述结构可以看到，只有前提 1 是现有前提，前提 2、前提 3、前提 4 都是前提 1 的隐含子前提。只有这些前提都为真时，最后的结论才为真，很显然，我们没办法由前提 1 来确保前提 2、前提 3、前提 4 为真。

这种思维逻辑是滑坡谬误的典型表现，除了这种表现外，滑坡谬误还可以表现为过分夸大事件的影响，以及将个别事例放大到普遍事件上。无论是哪种形式的滑坡谬误，其都是将可能性事件当成必然性事件，在推导过程中，论述者人为放大了相关事件的作用，从而形成的谬误。

在应对这种谬误时，只要让论述者一一说清所列事件的因果关系就可以了。如果他真的能说清一系列事件之间的因果关系，并且这些因果关系又都成立，那他的思维逻辑就是没问题的；但如果他有一种因果关系解释不清，那这一系列事件便无法被串联起来。由此，论述者的谬误也就不攻自破了。

1.“你考不到 100 分，以后就要去当乞丐”

小强是个要强的孩子，学习认真刻苦，在班级中也总是名列前茅。这种好成绩的取得与小强妈妈的“斯巴达式”教育是分不开的。在课外时间，小强妈妈从不让小强出去与朋友玩，放学后要在家学习，节假日还要去补习班听课，这才造就了小强的“品学兼优”。

每当小强出现厌学情绪时，小强妈妈都会苦口婆心地“威胁”道：“现在这种考试你要是不门门拿 100 分，将来你就等着当乞丐去吧！就你这点能耐，当乞丐了也要不到饭，你看看你爸爸现在，不好好学习你就等着吧……”

小强妈妈的话对“治疗”小强的“厌学症”似乎很有效，每次听到妈妈“讲道理”后，小强的学习态度都会端正很多。

从故事来看，小强似乎很适应妈妈“斯巴达式”的教育方法，但可以肯定的是，并不是所有孩子都能适应这种方法。很多时候，这种方法所产生的负面影响要远高于正面影响。更为重要的是，小强妈妈的论述是一种很明显的滑坡谬误，用错误的思维逻辑去教育孩子，并不是一种好方法。

“你不考到100分，以后就要去当乞丐”，这是小强妈妈在教育小强时的论断。根据前面提到的滑坡谬误的定义，这种论断属于典型的滑坡谬误，小强妈妈在推导结论的过程中，人为放大了“考不到100分”之后的结果,由此得出了“(你)以后要去当乞丐”的结论。我们可以试着推测一下小强妈妈的逻辑论述结构。

前提1：你没考到100分。

前提2：没考到100分，拿不到班级前三名。

前提3：拿不到班级前三名，得不到保送重点高中名额。

前提4：得不到保送重点高中名额，就上不了重点高中。

前提5：上不了重点高中，就考不上顶尖大学。

前提6：考不上顶尖大学，就找不到合适工作。

结论：找不到合适工作，就只能去做乞丐。

当然，上面这种逻辑论述结构只是我们的推测，小强妈妈究竟是怎样由“考不到100分”推导出“以后要去当乞丐”的，我们不得而知。但可以肯定的是，从前提1到最后的结论，需要有许多子前提做支撑，如果没办法确保这些子前提都为真，那就没办法推导出最后的结论。

在上面的故事中，小强妈妈罗列出再多的子前提，也是无济于事的，因为这些子前提正如我们所列举的一样，更多只是可能事件。比如“上不了重点高中，就考不上顶尖大学”，这种情况可能发生，但却不必然发生，非要将其当作必然事件引入到推论中，显然是不正确的。

小强妈妈的这种滑坡谬误，在日常生活中很常见，尤其在亲子教育中，更是屡见不鲜。一些家长在教育孩子时，倾向于使用“挫折教育”“惩罚教育”“批评教育”“威吓教育”，家长们期望通过这些教育方法，让孩子深刻认识到不好好学习可能带来的“最坏结果”，借此对孩子形成震慑，敦促孩子们好好学习，好逃离这些“最坏结果”。

但实际上，学习本就是一种复杂事件，孩子自身也是一个复杂的个体，不同的孩子有不同的学习习惯，并没有哪种教育方法可以适用于所有孩子，这一点是家长们应该明确的。一味对孩子进行批评和威吓，使用这种错误的思维逻辑去教育孩子，是很难取得好的效果的。

上面故事中的小强虽然恢复了学习的兴趣，但在人际交往方面，至少在与同龄人交往上，显然是有所不足的。而且妈妈教育小强的这种错误思维逻辑很可能会被小强所学习，影响到小强正确思维逻辑的形成。

小强妈妈的这种逻辑谬误与“考不上重点大学，就只能去技校”的逻辑谬误有一些相似之处，在应对方法上，也有一些相似的地方。

一方面，小强妈妈需要纠正自己唯成绩论的想法，要从更为全面的角度去思考孩子的学习和成长问题。这一点并不难理解，关键还是在于要找到自己孩子的特长和优势，并以此为基点确定自己的教育方法。

另一方面，小强妈妈一定要纠正自己在思维逻辑上的错误，适当让孩子了解不好好学习所造成的不良后果是有必要的，但如果用滑坡谬误来夸大这种不良后果，就没必要了。这样做很可能会引起孩子的逆反心理，如果孩子能轻易察觉出家长思维逻辑中的错误，那以后家长再想用逻辑去说服孩子，就很困难了。

相对来说，家长只要能够做到纠正自己思维逻辑的错误就不错了。如果在此基础上还能给孩子传授一些正确的思维逻辑，或是教给孩子一些辨别逻辑谬误的方法，那就算是超额完成教育任务了。

对于这项“任重道远”的任务，每位家长都要鼓足劲、力争上游才行，家长先“赢在了起跑线上”，孩子才能获得更好的先发机会。

2. 大公司真的会毁掉年轻人吗？

最近一年来，小希感觉自己生活的大部分内容似乎都可以在公司完成。刚刚毕业一年的小希有幸从一家创业公司跳槽到一家规模较大的上市公司，不仅薪资待遇上了一个档次，工作环境也改善了许多。

小希的公司有一整栋办公楼，这里有健身房、洗衣房、咖啡馆、KTV、自助餐、超市、书店，甚至还有公寓供员工租用。可以说，小希的一切生活需求都可以在公司实现。但也因此，小希生活中的大部分时间也与工作时间交叠在一起。

手机每天 24 小时开机，工作全靠上司安排，外出要随身携带笔记本电脑，加班到深夜是常事。察言观色比用心工作更重要，工作结果没有好坏之分，只有上司满意和不满意的区别，A 上司满意，B 上司不满意，还要看两位上司谁更有话语权才行。

工作一年时间，小希丝毫没有感到个人能力的提升，反而觉得自己变得越来越普通。

以小希的现状来看，她的状况非常符合当下流行的“被大公司毁掉”的年轻人的特征。不知从何时开始，“别做被大公司毁掉的年轻人”这种论断在社会上流传开来。

在展开论述之前，我们先说结论，“大公司会毁掉年轻人”这种思维逻辑肯定是错误的。这是一种典型的滑坡谬误，但其与前面提到的滑坡谬误论断稍有不同。在解构这种论断之前，我们不妨先看看支持这种论断的思维逻辑是怎么样的。

坚持这种观点的人认为，大公司已经发展到一定的阶段，具有相对成熟的管理体系，存在各种各样的“明规则”和“潜规则”，再优秀的年轻人进入大公司之中也会被大公司所同化，失去个性，沦为大公司的一颗“螺丝钉”。

对此，他们还给出了一系列可供参考的案例及分析。其中有一种观点认为，大公司并不希望打造年轻人的不可替代性，而是希望每一位员工都能随时被替代，这样才能降低企业的经营风险。为了证明自己的观点，他们列举了一个看上去很有道理的例子：

假如有两个90分的人才同时进入公司，半年之后，其中的一个人顺利实现升职加薪，而另一个人却还和半年前一样。如此，在以后的日子里，两个人在公司中的差距会越来越大，升职的那个人会走上更高的舞台，而没升职的那个人则会开始走下坡路。

为什么没升职的人会走下坡路呢？毕竟也是个90分的人才啊！这是因为大公司会持续打压这个90分的人，直到他下降到80分适应当前职位为止，否则这位人才怎能接受“高才低职”的待遇呢？就是这样，原本90分的人才慢慢变成了大公司中的一颗“螺丝钉”。

上面这个例子听上去确实还蛮有道理的，但这个故事中是不是少了些什么？或者说是不是刻意强调了些什么？回到滑坡谬误的概念之中，我们似乎能找到上面例子中缺失的内容。

“大公司打压人才”这种事可能发生，但却不必然发生。上面例子中将其描述为必然发生的事，显然是一种将可能性事件当作必然性事件的错误。

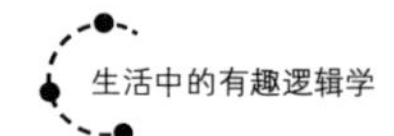

“90分人才遭打压后，变成80分的普通员工”，这种论断似乎过分强调了打压的效果（假设打压行为确实存在），而且论述者显然有意放大了这种打压对人才所产生的作用。

从这两点来看，用上面的例子来论证“大公司会毁掉年轻人”是站不住脚的。那是否就可以说“大公司会毁掉年轻人”的论断是一种滑坡谬误呢？关于这一点，还需要结合具体情境来进行判断。

两个人在交谈，一个人拼命劝说另一个人不要进入大公司，因为大公司人际关系很复杂，工作之余还要应付很多杂事，对个人发展而言并不一定有好处，很多优秀的年轻人进入大公司后，都“泯然众人矣”，自己就是活生生的例子……如果他用诸如此类的绝对论述，那他这种“大公司会毁掉年轻人”的论断就是一种滑坡谬误。

如果想要让一个可能性事件变为一个必然性事件，需要让与可能性事件相关的许多子事件都同时为真才行，比如想让“大公司会毁掉年轻人”这件事变为必然事件，那需要确保“大公司人际关系很复杂”“大公司会打压优秀年轻人”“大公司不会给年轻人提供发展机会”等一系列子事件都为真，只有这样“大公司会毁掉年轻人”这件事才会变为必然事件。

在日常生活中，这些“子事件”显然不会都为真，所以“大公司会毁掉年轻人”这种论断才是有问题的。但如果不从逻辑学的角度来考虑这一问题，单纯将其当作社会现象来看待，那这种论断似乎还有一定的道理，毕竟这是一种可能发生的事件。

至于这种事件可能发生的概率有多高，与特定的大公司有一定的关系，也与那些进入大公司的年轻人有一定的关系。两相比较，还是与年轻人自身的关联更大一些。一家大公司如此，所有大公司都如此吗？放宽下自己的眼界，拓展些自己的思维，结果是不是就会有所改变呢？

3.“小时候就敢戳死蚂蚁，长大还不得进监狱？”

一天，杨奶奶和李奶奶一同在外面散步，走着走着，突然看到一个无人看管的小男孩在墙边不知在玩着什么。出于好奇，两位奶奶走到小男孩身边，仔细观察起来。原来，小男孩在用木棍戳蚂蚁。

看着小男孩一下一下地将蚂蚁戳死，杨奶奶轻声训斥道：“你怎么把它们都戳死了啊，小孩子可不能这样做。”听到杨奶奶的话，小男孩先是一愣，然后便大哭着跑开了。

看着小男孩远去的背影，李奶奶责怪了杨奶奶几句，但杨奶奶却并不接受，对李奶奶说道：“你看着吧！这孩子小时候就敢戳死蚂蚁，我看长大了要进监狱的。”自知无法劝服杨奶奶，李奶奶只得岔开话题，聊起了别的事情。

相信看过上面故事后，大多数人都会有这样的感慨，这两件事根本就是“风马牛不相及”嘛，怎么能扯上因果联系呢？

上述这种论断属于在推导过程中人为地将相关因素作用放大，将“小时候杀死蚂蚁”的行为放大成“长大后进监狱”的行为，是一种十分明显的滑坡谬误。如果小男孩被蚂蚁吓得哭起来，杨奶奶很可能给出另一种论断：这孩子连蚂蚁都害怕，将来肯定软弱。显然，这也是一种犯了滑坡谬误的论断。

虽说这种谬误十分明显，但在日常生活中，还是有很多人坚信这种毫无根据的滑坡谬误。最为常见的一个例子就是“让孩子赢在起跑线上”这件事，印度电影《起跑线》中的一个片段便很好地展现了这种谬误。

在为女儿皮雅选择学校的过程中，皮雅父母与老师展开了如下对话：

老师：如果你们不接受培训，那皮雅就不能进好的幼儿园；如果她进不了顶尖的学校，那她就进不了我国任何一家好的大学；如果她的履历表上填的不是好的大学，那她就不可能进跨国公司上班。

皮雅妈妈：没有好的工作，所有朋友就会超越她；她会被别人甩在后面，变得孤单一人，这样她就会认为自己是个失败者；她会因此而沮丧，如果因为这个她开始学坏怎么办……

皮雅爸爸：等等，等等，我们会按照你的吩咐去做的，告诉我们要怎么做？

老师的一套说辞引发了皮雅妈妈的无限联想，最终成功劝说皮雅爸爸让女儿接受培训。不得不说，老师的滑坡谬误用得确实娴熟，甚至还将皮雅妈妈带入其中。

在这里，滑坡谬误似乎变成了一种“神逻辑”，无论手握什么条件，我们都能推导出自己想要的任何结论。如果对方不细究推导的过程，便不会发现谬误所在。

老师和皮雅妈妈的论述有错吗？孩子如果在起跑线上就落后于别人，后面肯定会被越落越远，这怎么能说有错误呢？

将孩子的人生发展比喻成跑步这并没什么问题，问题在于孩子的人生发展规则和跑步比赛的规则并不一致。如果非要用跑步的规则和输赢判定方式去规划孩子的人生发展路径，那所有的孩子便都会挤到同一条人生赛道上。这个世界可不需要那么多同样类型的人才，人生的赛道可要比学校的跑道宽敞得多。

那些从小便将孩子送入“神童班”的家长们应该静下心来仔细想一想，自己在规划孩子人生发展路径时，是否犯了滑坡谬误，是否在不经意间束缚了孩子的手脚？想明白这些之后再做决定，才是对孩子真正负起了责任。

滑坡谬误经常会以“如果……那么……”的形式出现，这是一种非常简单的语句结构，所表现的也是一种简单的因果关系。在很多语境中，这种简单的语句结构会被连续、反复、多次使用，构成一种推理式的逻辑段落。

如福尔摩斯一般的大侦探很擅长用这种推理式的逻辑段落来断案，通过“如果……那么……”式的分析，抽丝剥茧地分析案情。

但换成一般人，尤其是那些思维逻辑不强的人，在使用这种推理式逻辑段落时，就经常会出现滑坡谬误，正如上面故事中的老师和皮雅妈妈一样。

如果用逻辑论述结构来表示这种逻辑段落，可以表示为：如果A，则Z。A事件与Z事件并不存在直接因果关系，而是有其他事件从中串联，具体可以表示为：

如果A，那么B；
如果B，那么C；
如果C，那么D；
……
如果R，那么S；
如果S，那么Z。

无论这个逻辑段落中有多少个因果环节，只要其中有一个环节的因果关系不成立，那整个逻辑段落就无法成立，也就是说从最初的前提没办法推出最后的结论。着重分析论述者逻辑段落中的每一个环节是否都能环环相扣，也是我们应对滑坡谬误的主要着眼点。

4.“这次没中奖，下次一定能中奖”

最近小黄的日子过得很惨。年初的时候，小黄手中还有些积蓄，但自从迷上了刮刮乐和手机游戏，这些积蓄很快就变成了负债。

在玩刮刮乐这件事上，小黄有一种“不到黄河心不死”的冲动，每次非要刮到兜里没钱才肯罢休。每一次刮完未中后，他都觉得下次肯定会中奖，但每一次他的期望都会落空。

不止在刮刮乐上如此，小黄在玩手机游戏时也会经常冲动。每次抽不到合适的角色卡，小黄都觉得下次肯定会中，抽的次数越多，就越觉得抽到的概率会大一些，但实际上，他每一次抽卡得奖的概率都是相同的。即使游戏介绍中明确提到了这一点，小黄依然坚定自己的想法。

小黄的心理明显是一种“赌徒心态”，输得越多，就越觉得自己能够赢回来，“毕竟已经输了那么多次，这一次怎么也该我赢了”。正是这种缺乏逻辑的思考，让很多人沉迷赌博而无法自拔。

在上面故事中，小黄的逻辑思维方式是一种典型的赌徒谬误。这种谬误认为在随机序列中的一个事件发生的概率与之前发生的事件相关，其发生的概率会随着之前没有发生该事件的次数而上升。

小黄在玩刮刮乐时，之所以会一次次刮下去，就是因为他觉得这次没有中，那下次中奖的概率就会更大一些。如果第一次刮奖中奖的概率为 1%，前 99 次都没刮中时，那第一百次刮奖中奖的概率就会变成 100%，很显然这种思维逻辑是错误的。

当某一个特定的结果在最近已经发生，或者在最近一直没有发生，一些人便会认为这种结果再发生的机会将变得很低，这也是赌徒谬误的一种典型表现。

比如打麻将的人如果连续一个小时都没有和牌，那他并不会主动结束牌局，或者觉得自己将一直倒霉，他会认为再打几把自己就能翻身，就能和上几把大牌。而在日常生活中，打麻将输得最惨的往往就是这种人。

人们对外界事物的感知有时也会犯赌徒谬误的错误。如果一周之中连续五天都是艳阳高照的好天气，一些人便会认为周末应该不会有这么好的天气了，大概率还可能下一场雨。但下不下雨这件事跟概率并没什么关系，跟这些人怎么想也没什么关系。

最能说明赌徒谬误的例子应该是“重复抛硬币”。一般来说，抛一枚硬币，正面朝上的概率是50%；连续抛两次都是正面朝上的概率是50%×50%=25%；连续抛三次都是正面朝上的概率是50%×50%×50%=12.5%。由此类推，抛的次数越多，硬币全部是正面朝上的概率就越小。

现在，我们已经连续四次，且全是正面，那下一次也抛出正面的概率是多少呢？用赌徒谬误来思考，下一次再抛出正面就是连续五次都是正面，那根据前面的方法推算，连续五次抛出正面的概率是50%×50%×50%×50%×50%=3.125%，所以“下次抛出正面的概率是3.125%”。事实是这样吗？

事实其实并非如此，以正常的思维逻辑来分析，如果抛硬币的过程绝对公平，那每一次将硬币抛出正面或反面的概率都是 50%。连续抛五次都是正面的概率也确实是 3.125%，但这只发生在一次硬币还没抛出的情况下，而现在我们已经连续四次抛出了正面。如此一来，下一次也就是第五次抛出硬币出现正面和反面的概率都是 50%。

换句话说，在抛硬币这项活动中，无论硬币已经抛了多少次，也不论所获得的结果如何，下一次抛出正面和反面的概率仍然都是 50%。

不只是抛硬币这项活动，刮彩票、打麻将、抽奖……在这些日常生活中常见的活动中，都可以见到赌徒谬误的“身影”。某些被这种谬误所误的人，直到倾家荡产也没有醒悟。

在股票市场中，那些“精明”的投资者们也会出现这种简单的思维谬误。当股价连续上涨或下跌一段时间后，一些投资者会预期股票形势会反转，因而这些投资者会比较倾向于在股价连续上涨超过某一临界点时卖出股票。很多时候股票市场的忽涨忽跌正是这种因素作用的结果。

应对这种谬误的方法很简单，或者说，这种谬误其实并不需要设计什么方法去应对，只要了解其中的逻辑学道理，并且能够控制住自己内心的冲动，这种谬误便不会再发挥作用了。当然，如果控制不住自己“天天发大财”的心理，这种谬误便没办法根除。

“套路”四：轻率概括，逼迫他人妥协

在日常生活中，轻率概括是一种很常见的逻辑谬误，或者说，它可能是生活中最为常见的一种逻辑谬误。对于那些逻辑思维缺乏的人来说，轻率概括就是他们说服别人的有力武器。他们喜欢发表概括性论断，却不去深究自己的论断是否有依据。

轻率概括是一种基于有限数量的资料，在没有充分证据的情况下，做出一般性结论的一种归纳概括。

这种归纳概括的真假总是不确定的，有些时候，它们会因为有限数量得以扩充而发生真假变化。比如，在人类没有发现黑天鹅之前，“所有天鹅都是白的”这种论断就是一种合理概括，但当人类发现黑天鹅之后，这种论断就变成了错误论断。

如果我们发现某个人在论证时所得出的一般性断言，是基于不充分的证据，或者支持他论证的样本是非典型的，那这个人在论证时就犯了轻率概括的谬误。

前提：小美上的是私立学校。

前提：小美家很有钱。

结论：所有上私立学校的人家都很有钱。

正如上面这种论断，就是轻率概括的谬误。很显然，“所有上私立学校的人家都很有钱”这种论断是从小美一家得出的一种一般性结论，小美家的例子明显是没有典型性的。

在这里，有一个值得注意的地方，那就是和轻率概括谬误很像是偶性谬误，这两种逻辑谬误在有些时候是很难区分的。

前提：所有上私立学校的人家都很有钱。

前提：小美上的是私立学校。

结论：小美家很有钱。

上面这种论断便是一种偶性的谬误，乍一看，其和前面的论断好像没有什么区别，但仔细分析可以发现，这个论断的前提是有问题的。“所有上私立学校的人家都很有钱”这一前提明显是错误的，这正是偶性谬误的主要特征，某个前提作为一般性陈述是假的或者是被误用的。

由此来看，区分轻率概括谬误和偶性谬误的重点就在于看论断（为两种谬误之一时）中的一般性陈述究竟是前提，还是结论。如果是前提，那这个论断就是偶性谬误；如果是结论，那这个论断就是轻率概括谬误。

再回到轻率概括谬误的论述上来，前面提到轻率概括是一种在没有充分证据的情况下，得出的一种具有一般性特征的结论。这里所说的“充分证据”并不太好判断，比如前面提到的“所有上私立学校的人家都很有钱”，单纯用小美家的例子显然无法构成“充分证据”，那怎样才能构成“充分证据”呢？很遗憾，对于这一论断，我们很难穷举出所有“上私立学校的人家”，自然也就没办法构成“充分证据”。

对于什么才是论断的“充分证据”，在很多时候并没有大家一致认同的标准，而且对于什么才能构成“充分证据”，也没有固定的规则。所以在判断一个论断是否是轻率概括谬误时，从“充分证据”这个角度去证伪是一种不错的选择。如果发现这个论断没有“充分证据”，那这个论断就很可能是错误的。

在日常生活中，人们会对某件事或某些事得出许多论断，这些论断中既有轻率概括论断，也有一些一般性陈述论断。这些一般性陈述论断多不是针对特定时间或特定案例所得出的，而是说得很普遍，所以在大多数情况下，这些一般性陈述论断都是对的。比如，“很多时候开车上班都比走路快”“大多数男人都比女人强壮”“很多老年人都喜欢去公园健身”……

为什么这些一般性陈述论断都是对的呢？因为这些论断中都有一些限定词，像“很多时候”“大多数”“很多”，正是这些限定词的存在，这些一般性陈述论断才变成了正确的论断。如果去掉这些限定词，那“开车上班都比走路快”“男人都比女人强壮”“老人都喜欢去公园健身”，这些论断就又变成了轻率概括谬误了。

由此，我们可以总结出一种在日常生活中避免轻率概括谬误的有效方法，那就是给论断添加一些限定词，像是“有时”“大多数”“可能”“经常”“几乎”“好像”……这些限定词会让我们的论断更为谨慎，帮助我们有效避免轻率概括谬误的发生。

1.“你看看，所有人都喜欢看《哪吒》”

动画电影《哪吒之魔童降世》（简称《哪吒》）的总票房成功突破 50 亿元，成为继《战狼 2》之后中国电影市场中，第二部单片突破 50 亿元票房的电影。

在《哪吒》取得这一好成绩后，小明得意扬扬地找到小磊。作为《哪吒》忠实粉丝的小明此前坚定地认为《哪吒》是最好看的国产动画电影，为此他罗列了许多“证据”，想要说服小磊。但小磊向来对动画电影没什么兴趣，虽然认可《哪吒》是一部好电影，但却也没觉得有那么好。

《哪吒》票房破 50 亿元，小明又有了新的证据，他骄傲地对小磊说：“你看看，这就是《哪吒》的实力，所有人都喜欢看《哪吒》，所以才会有这么好的票房表现。如果不是这样，它怎么能取得这么好的成绩呢？”

对于小明的新“证据”，小磊觉得毫无根据可言，根本不值得反驳，只是敷衍了两句，结束了两人间的辩论。

需要承认的是，《哪吒》确实是一部好的电影，但其也确实没有达到小明所说的“所有人都喜欢看《哪吒》”的程度。很显然，小明的论断犯了轻率概括的谬误。

简单来看，小明的论断过于绝对，单纯从《哪吒》票房过50亿元，就推断出“所有人都喜欢看《哪吒》”是很不现实的。在这种论断过程中，小明不只犯了轻率概括的谬误，还犯了无关前提的谬误。

前提：《哪吒》票房超过50亿元。

结论：所有人都喜欢看《哪吒》。

从上面这种逻辑论证结构来看，前提与论证的结论虽然有关联，但却并不能给结论提供有效支持。小明使用了一个貌似有道理的前提去为自己的立场进行辩护，但实际上这些前提却并不是支持他结论的准确论据，二者之间并没有紧密的逻辑关系，所以这种论断是一种无关前提的谬误。

而小明对于“所有人都喜欢看《哪吒》”的表述，则是一种轻率概括的谬误，他可能有其他的“证据”来证明自己的结论，但显然，“《哪吒》票房超过50亿元”这一前提是并不合适。那他都有什么“证据”可以证明自己的结论呢？我们可以试着为他补充一些前提。

小明通过调查问卷的形式，在自己所在的高中进行调研，最终在3000份调查问卷中，有2500份问卷对于“你是否喜欢看《哪吒》？”这一问题给出了肯定回答。由此，小明得出“所有人都喜欢看《哪吒》”这一结论。

根据上面我们补充的前提，小明的逻辑论证结构可以表示为：

前提：自己身边 83% 的同学都喜欢看《哪吒》。

结论：所有人都喜欢看《哪吒》。

这种逻辑论证结构看上去要比最初的逻辑论证结构靠谱很多，小明这次拿出了调研数据支持了自己的结论。那么这种数据能够证明小明所论证的结论吗？

83% 的概率确实不算低，但很遗憾，这些数据并不能作为小明论证结论的证据。为什么呢？因为这些数据并不具有代表性。

数据不具有代表性指的是所用数据并不是按照比例从所有相关子类中提取而来。举例来说，当我们想要就某个问题来概括出所有中国人的看法时，那我们便需要先将“中国人”分出一些相关子类来，像是民族、年龄、性别、教育程度、生活区域等，如果有必要，还可以将身高、体重等因素考虑其中。

在分出子类后，我们再按照一定的比例从这些相关子类中抽取数据，进行比对分析，才能得出相对可靠的数据样本来。在抽取数据的过程中，还需要注意数据偏差的问题，如果数据样本中存在过多偏差数据，整个数据样本就会变得不再可靠。

从这一点来看，小明单纯通过调研身边同学来获得数据，显然是不可靠的。那如果改变一下小明的结论，将其变为“所有身边同学都喜欢看《哪吒》”可不可以呢？从论证的严谨性上考虑，这种结论也是不成立的。

其实，就小明所说“所有人都喜欢看《哪吒》”这一结论来看，很明显是一个虚假的陈述。那我们为什么还要如此大费周章地介绍这么多内容呢?

当我们想要去了解一件事情时，“知其然”是一种相对浅层次的了解，“知其所以然”才是对事件本质的了解。逻辑学能够教会我们的就是了解事件本质的方法，从事件表象深入到事件本质，把握事件的来龙去脉，这才是了解事件的最好方法。

所以当听到别人说“所有人都……”时，不要只是用“太绝对了”予以回应，以逻辑学的方法，指出对方思维逻辑上的漏洞，才是赢得辩论的最佳方法。

2.“跟我做生意吧！你看我现在都开上豪车了”

初中毕业便辍学在家的小熊早早便做起了生意，乘着经济发展的东风，小熊的生意也做得颇为红火，虽然在朋友中的口碑不怎么好，但钱却没有少赚。

小包与小熊从小一起长大，小包大学毕业两年依然没有找到合适的工作。一日，小熊偶遇小包，得知小包的处境后，便邀请小包和自己一起做生意，并称自己靠着做生意，已经开上了豪车。听了小熊推心置腹的介绍，小包动了心，加入了小熊的团队。

一年时间很快就过去了，小包跟着小熊不仅没赚到钱，自己还亏了几万块。无奈之下，只得再次找起工作来。

小包的经历确实有些值得同情，之所以要介绍他这段经历，主要是在这段经历中，出现了一个逻辑谬误，很值得讲一讲。

在邀请小包与自己一起做生意时，小熊说道：“跟我一起做生意吧！你看我现在都开上豪车了！”在这段论证中，小熊陈述了两个事实，一个是他现在正在做生意，另一个则是他现在已经开上了豪车（此事实可以等同于他赚到了不少钱）。

按照逻辑论证结构来拆解小熊的论述，可以得到：

前提：我（小熊）现在正在做生意。

前提：我（小熊）现在已经赚了不少钱。

结论：现在做生意能赚不少钱。

上面的逻辑论证结构对吗？看上去似乎符合三段论的结构，但实际上，小熊的这种论述却是轻率概括的谬误。小包正是因为没看破这一点，才答应了小熊的邀请，走上了经商的道路。

说小熊的论述是轻率概括谬误其实很好理解，用通俗的话来讲，一个人做生意赚了钱，所有人做生意就都能赚钱吗？显然是不可能的，如果小包在当时能够认识到小熊做生意赚钱只是个个例，那他也就不会走上经商的道路，不会白白亏损几万元钱了。

这种轻率概括的谬误就是前面提到的缺少“充分证据”的论述，

由于作为证据的样本量太小，不足以支持结论，所以整个论述就无法成立。在上面的论述中，小熊以自己的个例来证明“现在做生意能赚到钱”，显然是缺少“充分证据”的。

这种轻率概括的谬误在日常生活中非常常见，比如，小齐曾有过两段恋情，却都因对方“脚踏两只船”而告终，于是，饱受伤害的小齐得出了“男人不可信”的结论。

小齐从自己的情感经历中得出的结论显然是不正确的。她在恋爱中的不幸，是两个男人的过错，而并不是所有男人的过错。只遇到了两个差男人，就认为所有男人都不可信，明显是缺乏“充分证据”支持的。

又比如，小张在网上购买过很多日常生活用品，像是牙膏、牙刷、卫生纸、香皂等，这些商品都比线上商店中出售的商品便宜，于是小张得出“网上购物买什么东西都比线下商店便宜”的结论。

小张虽然有多次网上购物的经历，购买的物品也是五花八门、种类齐全，但他根据自己购物经验得出的结论同样是不正确的，原因同样是因为缺乏“充分证据”，或者说是因为样本量太小了。如果想要得出在哪儿购物便宜的结论，小张还需要收集更为广泛、更为多样的样本进行比较才行。

一般来说，犯了这种轻率概括谬误的人大多会相信自己结论的正确性，比如上面提到的小齐，在交往了两个男人后，认定“男人不可信”，即使别人劝她说“男人也不是都不可信”她也不会相信，因为这是她从很重要的个人经历中提炼出的结论。而且，小齐这种情况还会更多受到情感因素的影响，想要纠正她的结论，是有一定困难的。

从论证表现上来看，小齐所得出的结论更多是在表达意见，而不是在论证观点，所以我们没必要非得去纠正她的结论。因为她很可能是在用这种结论来表达个人的伤感情绪，等到这种情绪过去后，她自然会认识到自己结论中的不合理之处。但如果遇到那种明确否认是在表达意见的论述者时，我们就要用标准的论述结构对其论证过程进行重新梳理，以此来纠正对方的错误。

就像最前面提到的小熊和小包的故事一样，小熊一定是在论证自己结论的正确性。如果小包在当时能够重新梳理一遍小熊的逻辑论证结构，他就会很容易发现其中的漏洞，从而更加谨慎地考虑自己未来的出路。

3. 没人提过工资低，就不应该涨工资吗？

大宇是一家机修厂的老板，由于人脉比较广。大宇的生意做得也是风生水起，许多机修工人都投奔大宇的机修厂，短短三年时间，大宇就垄断了当地的机修生意。

三年来，机修厂的生意蒸蒸日上，机修工的工资却始终没有改变。眼看着其他机修厂工人的工资年年上涨，大宇机修厂的机修工们倍感煎熬，但为了保住生计，始终没人主动提过要涨工资。

到了第四年，大宇依然没有给机修工们涨工资，这导致许多机修工跳槽到其他机修厂，大宇机修厂很快便失去了市场中的垄断地位。当得知机修工们跳槽是因为工资低时，大宇不解地说：“从来没人跟我说过工资低，我为什么要涨工资啊？”

按照大宇的逻辑思路，员工没有提过工资低，确实是不需要涨工资的。结果怎么样呢？员工们因为工资过低，寒了心，纷纷跳槽，大宇机修厂的兴隆生意也随之一去不复返了。

如果将大宇的话转换成一种一般性陈述的话，可以变为“没人提过工资低，就不应该涨工资”。这听上去似乎有些道理：公司中没有一个员工主动提过工资低，那就说明大家不觉得工资低，既然如此，又为何要给大家涨工资呢？

绝大多数优秀的管理者都不会有这种思维逻辑，因为按照这种思维逻辑来管理公司的话，早晚会走上与大宇机修厂一样的道路。下面我们从逻辑学的角度来论证一下“没人提过工资低，就不应该涨工资”这种论断，为何是不合理的。

按照轻率概括谬误来讲，上面这种论断似乎并不属于轻率概括谬误的范畴，事实也确实如此，上面这种论断属于诉诸无知谬误。

诉诸无知谬误是一种典型的非形式谬误，其主要表现形式有两种，一种是“我们不知道（也可以说‘没有证据显示’或‘没有理由相信’）某个命题是真的，所以这个命题是假的”；另一种是“我们不知道某个命题是假的，所以这个命题是真的”。

一个简单的例子是，“我们不知道宇宙中是否有外星人，所以宇宙中没有外星人”。很显然，这个论证是错误的，这一论证中其实隐藏了一个前提，将其完整展现出来，这一论证应表示为：

前提：如果宇宙中存在外星人，我们应该会发现外星。

前提：我们没有发现外星人。

结论：所以，宇宙中是不存在外星人的。

诉诸无知谬误的根本错误在于，当无法确定一个陈述是真时，它便是假的，反之亦然。通常情况下，我们不知道一个陈述是真或假的事实，并不能让我们知道这个陈述的真假。当我们没办法确定一个陈述是真时，我们不能想当然地认为它是假的，谨慎一点的做法是先不要对其真假做出判断。

以上面的论断来说，因为我们不知道宇宙中是否存在外星人，所以谨慎的做法是先不要对其真假做出判断。

回到“没人提过工资低，就不应该涨工资”这一论断上，从形式上来看，这一论断的形式并不是标准的诉诸无知谬误。但这种论断中也隐藏了一个前提，将其完整表现出来，这一论断应表示为：

前提：没人主动提过公司的工资低。

前提：没人提工资低，就说明公司工资不低。

结论：不应该涨工资。

很明显，第二个前提是被隐藏起来的，而且这个前提是论述者所假定的，即公司的工资并不低，因为从来没有人主动提过这一问题。这种没有证据证明陈述是对的，所以陈述就是错的论断，也是一种典型的诉诸无知谬误。“不提问就是没问题”“没意见就是满意”，在大多数情况下，这些论断也都属于诉诸无知的谬误。

对于这些诉诸无知的论断，我们完全可以用同样诉诸无知的方法予以回击。当对方提出了一种极不靠谱的论断，而后又用诉诸无知的方式对此进行论证，那我们就可以用相同的方式予以回击。比如，当对方称“外星人是不存在的，因为没有证据能证明他们存在”，那我们便可以反驳说“外星人是存在的，因为没有证据能证明他们不存在”。

对于“没人提过工资低，就不应该涨工资”的逻辑论证，也可以用“没人提过工资高，所以应该涨工资”来回击。但需要注意的是，这种“以彼之道，还施彼身”的方法也是一种诉诸无知的论断，是毫无逻辑可言的。

4.“大学要是好好学，我也能年薪百万了”

毕业两年，小东在一家初创互联网公司中稳定下来，每月拿着几千块工资，日子过得还算可以。这年国庆，小东的大学班长组织了一场同学聚会。在同学会上，小东和几个原本关系要好，但毕业后就不怎么联系的同学聊了起来。

小秦：小北这次没来吧？这小子，出人头地了就不搭理老同学了。

小吴：人家是工作忙没时间吧，刚毕业就能拿到百万年薪，肯定要忙得不可开交的。

小秦：那也不至于国庆节也加班工作吧？唉，看看人家，咱们怎么就没那命呢？

小吴：你说刚上大学时，咱们的成绩都比小北好，怎么四年时间人家就“质变”了呢？

小东：咱们要是能少打点游戏，少逃几节课，多读几本书，都学的同一个专业，咱们没准也能年薪百万了。

小秦和小吴：唉，真是，真是，咱们大学要好好学了，也能年薪百万了。

如果让小秦、小吴和小东重返大学校园，好好地重新学一次，毕业后他们大概率也赚不到百万年薪。所以毫无疑问，“大学要是好好学，我也能年薪百万”这种论断是不符合逻辑的。

我们有很多理由可以回击这种论断，比如，人和人是不同的，不同人对知识的接受程度也是不同的，所以即使两个人用同样的时间、付出同样的努力、学习同样的内容，最终取得的效果也是并不相同的。

上面这种理由，是一种“讲道理”的理由，如果对方能听我们好好“讲道理”，那这种理由完全是可行的；但如果对方不愿意听我们“讲道理”，那使用这种理由去反驳对方，就可能没办法取得预期的效果。

既然“讲道理”不行，那就只能“说逻辑”了，我们需要通过指出对方论证中的逻辑问题，来让对方没办法自圆其说。

上述论证也属于一种典型的逻辑谬误，跟轻率概括谬误很像，也是缺失“充分证据”所引发的谬误。具体来说，这是一种罔顾事实的假设谬误，把假定的判断当作事实判断，进而得出最后的结论。在日常生活中，这种谬误有一个比较有趣的名字——“放马后炮”。

这种“放马后炮”的论证在生活中是颇为常见的，比如，在一场篮球比赛中，某位球员最后几秒钟持球进攻未能得分，导致球队失去绝杀机会，遗憾落败。观看过这场比赛的一位球迷在第二天与别人聊天时说道：“如果昨天最后一攻不投三分，还可能有加时赛的机会，现在可好，一个‘三不沾’出手，总冠军没有了。”

上面这种论述可以简化为“如果投两分，球就进了”，显然，这是一种假定的判断，而论述者将这种假定判断当成了事实，并将其作为推导“进行加时赛”“获得总冠军”的重要前提，展开了自己的论述。

虽然从难度上来讲，“得两分”要比“得三分”容易一些，但篮球比赛是颇为复杂的，运动员投篮得分会受到各种因素的影响。在上述故事的背景下，即使运动员改投两分，也不一定能够得到分，所以“投两分，球会进”只是一种假设，而没办法作为已知的前提来使用。

当我们在面对一些历史事件时，也经常会不自觉地使用这种罔顾事实的假设。比如，在鸿门宴时，如果项羽能够听从范增的劝说，杀掉刘邦，那项羽就会是最后夺得天下的人。

这种论述看上去很有道理，以当时的历史形势来讲，如果项羽能够在鸿门宴上除掉刘邦，那就没有人有实力与他争夺天下了。如果我们将这种论述解释为是自己根据当时的历史现实所得出的一种推测，那是没问题的，但如果我们说这是我们根据当时历史形势所作出的一种论证，那就是罔顾事实谬误。

应对这种罔顾事实谬误，最有效的方法是让对方提供出“充分的证据”。对方的这种谬误正是因缺少“充分证据”而引起，只不过对方在论证时对此无法察觉，因此我们要反复要求对方重新论证自己的结论，论证的次数越多，对方就越容易发觉自己的论证其实“根本不存在证据”。

“充分证据”是逻辑论证的基础，一个论证如果缺少“充分证据”做支撑，论证的结论就是站不住脚的。在日常生活中，很多习以为常的论述其实都缺少“充分证据”，只不过由于这些论述应用太过频繁，人们都对其见怪不怪了。

在与他人沟通过程中，是否要用逻辑学方法纠正对方提出的证据不充分的论证，取决于沟通的场景和目的。如果在平时闲聊时，我们处处追究别人的论证是否有逻辑，那沟通的效率就会大为降低，因此，对一些逻辑学的方法，在“知其所以然”后，“用到合适处”也是我们需要注意的事情。

第六章　强人所难：让人别无选择，甘愿落入陷阱

“套路”五：制造两难陷阱，让人难以抉择

虚假两难谬误可能是逻辑谬误中最折磨人的一种。这种谬误会让你就一件事做出两种选择，无论哪种选择，都有些不如人意的地方。

这正是虚假两难谬误的主要表现，将某个事件简单地一分为二，或者“非黑即白”地看待每件事，越是不爱思考的人，越容易被这种谬误所欺骗。

人类要么由是上帝创造的，要么是由猿猴进化而来的。

上面这一论断也是一种典型的虚假两难谬误，这种谬误将人类的产生简单划分为“上帝创造”和“猿猴进化”两种可能。除非论述者能够自证除了这两种可能，人类再无其他可能来源，否则这种论断就不能成立。这里仅是举例。

虚假两难谬误的应用场景并不像其他虚假因果谬误那样广泛，但在仅有的那些应用场景中，虚假两难谬误所起到的作用和效果却是十分强大的。

在某个产品招商现场，主持人在舞台上声嘶力竭地呐喊，观众们在舞台下吃吃喝喝玩得也很高兴。一阵嘈杂的音乐过后，会场渐渐平静下来，主持人开始用富于感染力的声音讲述着一个个“暴富”故事。不知在讲完多少个故事后，主持人开始总结自己的发言：

为什么年入千万的人是他们，而不是你们，因为他们先你们选择了我们的产品。今天，你们也迎来了自己的机遇，你们的选择有两个：第一个选择是大喊“yes”，加入我们，拥抱这个伟大的时代，实现自己的财富梦想；第二种选择是对我们说“no”，对这个伟大时代说“no”，对数不清的财富说“no”。那么现在请大声说出你们的答案！

主持人话音刚落，台下就响起了整齐划一的“yes”声，就好像提前彩排过一样。

在一些产品销售现场或基金路演现场，上面故事中的情况经常会发生，我们不去探讨现场中到底有多少“托”，单纯分析一下主持人对场下听众的呼吁，即“想发财的聪明人喊 yes”“不想发财的笨蛋喊 no”。

为什么只有“yes”或“no”两种选择？难道不能默不出声不

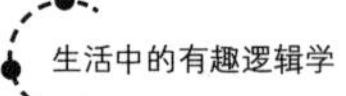

做选择吗？在这位主持人设下的虚假两难谬误中显然是不能的，要么大喊“yes”，要么大喊“no”，只有这两种选择可供选择。

更为精彩的是，在形容“yes”或“no”这两种答案时，主持人使用了意义完全相反的语言。这种操作便使得“大喊yes”和“拥抱伟大时代,实现财富梦想”紧密联系在一起;而“大喊no”则和“离开伟大时代，放弃财富梦想”画上了等号。

主持人话都说到这儿了，我们再选择喊“no”，岂不是主动承认自己是个笨蛋吗？没办法喊“no”，那也就只能违背内心跟着喊“yes”了。这一声声“yes”喊得越响亮，现场的气氛就越高涨，一来二去，人们也就忘了自己是来挑产品的，一心只想着未来怎样发财暴富了。

在上述这种典型应用场景中，虚假两难谬误发挥了极为重要的作用，主持人正是用这种论断谬误来诱导听众，实现自己的目的。在一些其他场合，这种虚假两难谬误也是屡见不鲜。

在职场中，一些企业在面临业绩下滑时，通常会选择裁员或降薪，这似乎是一种正常的企业经营策略。但在这种情况下，企业是不是只有这两种选择呢？是不是可以延发部分薪资待遇，等企业渡过难关后再补发薪资呢？如果企业不能证明这是应对当前情况的唯一的两种选择，那这种情况就也是一种虚假两难谬误。

应对这种虚假两难谬误的主要方法就是寻找其他可能的选择或情况，如果找到确实可行的选择，那虚假两难谬误便会不攻自破。当然，在解决虚假两难谬误时，还需要多考虑一些场景要素，要具体问题具体分析。

1.“我和你妈妈同时掉河里，你会救谁？”

上大学的第一年，小明便和同专业的一名女生确定了男女朋友关系。在此后的交往中，两人相互鼓励、相互扶持，感情日渐甜蜜，学习成绩也稳步提高。对于小明来说，女友哪里都好，就是有一点不好，她总是喜欢“拷问”小明。

“你觉得我穿这件衣服好看，还是你们班小红穿着好看？”“你有时间帮小学妹辅导作业，怎么不陪我一起去图书馆？”此类问题经常让小明不知如何应对。有些时候，女友还会提出一些极端而又莫名其妙的问题，比如“如果我和小红同时掉到水里，你会先救谁？如果你妈妈也一同掉到了水里，你会先救谁？”

虽然小明每次都哄着女友给出她想听到的答案，但女友似乎仍不满意，她总是有无尽的问题等着“拷问”小明。

在日常生活中，女朋友提出的问题大多都是这样的题，一旦回答不好，轻则遭到嗔怪，重则闹到分手。就拿“我和你妈妈同时掉河里，只能救一个，你会救谁？”这一问题来说，怎样回答似乎都不正确，或者说这个问题根本没有正确答案可言。

其实，并不是这个问题没有正确答案，而是提问者只为被提问者提供了两个答案，其他可能的答案都被隐藏了起来。

在上面这一提问中，提问者只给被提问者两个选择，一是救“我”，二是救“你妈妈”，没有其他可供选择的选项。同时救两个人不行吗？不行！没有这个选项。

很显然，上面的论断是一种典型的虚假两难谬误，看起来提问者给出了所有可能的选择，但这些选择其实并不全面。只让被提问者在这两个难以抉择的选择中做出决定，是并不符合正常思维逻辑要求的。

这类问题明显具有一定的倾向性，提问者在提出这类问题时是有自己的预期答案的。比如，上面故事中小明女友提出这一问题，肯定是希望自己能够成为最先被救的那一个。如果认识到这一点，“对症下药”便可以解决这一问题。

既然是女友提出的这一问题，救女友自然是更好一些的回答。但如果被提问者就这样顺着女友的思路去回答，那未免过于冷血，为了爱情忽视了亲情。虚假两难谬误的典型特征就是可供选择的选项都不完美，都让人为难。这种情况下，如果条件允许，被提问者不妨“耍些小聪明”，跳出现有选项，构思一种更好的答案。

比如，针对上面这一提问，被提问者回答说：“肯定救你啊！我妈可在游泳比赛中得过奖呢。”既然提问者假设了一种情境，我们为什么不能在这种情境上再做进一步假设呢？通过假设“妈妈会游泳”这件事，原本的虚假两难只剩下单一选择，既然“只需要救你”，那就“肯定要救你”了。

如果提问者否决了这种假设，提出“如果落水双方都不会游泳”

的限制条件，那继续用假设性的回答就没有太大意义了。这时候，我们可以试着以一种不讲逻辑、只诉衷情的方法回答："先救我妈，然后陪你一起死。我妈给了我生命，而你让我的生命变得有意义，没了你，我要生命也没什么意义了。"

这种"不讲逻辑、只诉感情"的沟通方式，在应对虚假两难谬误时颇为有效，尤其是应对上面这种出于情感考虑所提出的问题。提问者在提出这种问题时，有一定的心理预期，但并不一定有明确的预期目的。因此，被提问者给出的回答只要在某种程度上符合他们的心理预期即可，并不一定要完完全全按照对方给出的预选答案回答。

如果觉得这种感性回答不够好，想要用更为理性的方法解决这一问题。被提问者可以引用《民法典》第二十六条中"成年子女对父母负有赡养、扶助和保护的义务"这一规定，提出"不救父母属于违法行为"的观点。

当然，作为女友的提问者是否能接受这种回答，被提问者还是要提前考虑好的，用理性答案去回应感性提问，大多时候都不会有太好的结果。

诸如此类的"两难题"在日常生活中并不少见，提问者在提出这些问题时大多是带有一定情绪的。被提问者在面对这类感性问题时，与其一板一眼地回答，倒不如找一些其他话题来转移提问者的注意力。只要提问者不再执着追问这类问题，被提问者的两难困境便算是解决了。

2. 考不上重点大学，就只能去技校?

临近高考，高三年级的小松却并没有什么压力，反正也考不上重点大学，只剩这一个月时间，“临时抱佛脚”也没什么用。

这天，正在房间里玩游戏的小松听到有钥匙开门的声音后，赶紧将手机扔在床上，抓起书桌上的书本看了起来。虽然不想努力读书，但也不能让妈妈知道自己整天玩游戏，在这一方面，小松已经练出了经验来。

小松妈妈开门后径直“闯入”小松的房间，看到小松正在看书，便慢慢合上房门，打算出去。但就在关门的瞬间，小松妈妈看到床上的手机，她走到床边，拿起手机，感到手机还在发烫，小松的计谋就这样被妈妈识破了。

小松妈妈拉起小松，苦口婆心地说道：“你这是在骗自己，不是在骗我，高考你要是考不上重点大学，就等着去念技校吧，我看你将来能有什么出息……”

在妈妈暴风骤雨般的训斥中，小松慢慢流下了“悔恨”的泪水，但这次妈妈并没有像往常一样停下来，训斥依然在继续。

如果不能从根本上改变孩子对学习的态度和看法，那讲再多的大道理也是没有用的。小松不愿读书的态度没有改变，妈妈说再多的话语也是徒劳。更何况，有些话语说得越多，出错的可能也就越大，孩子不会在乎那些正确的内容，却很容易记住这些错误内容。

小松妈妈关于“考不上重点大学，就等着去技校”的论断，是对小松的一种威胁式告诫，但这种论断是不符合逻辑的，是一种虚假两难的谬误。

考不上重点大学，还可以选择普通大学、民办高校，职业技术学校只是高考后的一种求学选择。小松妈妈将高考后的求学选择确定为重点大学和职业技术学校上，隐藏了其他可能的选择，正是虚假两难谬误的典型表现。

相比于前面提到的略带胁迫意味的虚假两难谬误，小松妈妈的虚假两难谬误并没有太多胁迫的意味，更多像是一种无意识而为之的做法。在小松妈妈脑海中，“上重点大学”是高考后最好的求学选择，而“上职业技校”则可能是最为不好的一种求学选择。

在日常生活中，这种无意识或者说不经意间提出的虚假两难谬误并不少见，比如，在论述粽子口味时只谈两种，而忽视了其他口味的粽子。原本有更多复杂可能的事物用简单的二分法来解释，显然是不正确的，但在很多时候，我们往往会因特殊情境而忽略掉其他的可能或选择。

小高在一家初创公司工作了5年，从一名什么都不懂的程序员慢慢成长为能够统领一个部门的主管。这几年来，小高的职位始终在稳步提升，但薪资待遇却并没有太大变动，时间长了，小高也觉得委屈起来。

内心的委屈加上管理上的烦心事，让小高陷入“辞职”与“不辞职”的两难选择之中。经过一番内心的斗争之后，不顾总经理的挽留，小高还是离开了这家公司。

来到新公司后，小高的薪资待遇有所提升，但职位却下降不少。工作几个月后，小高也并不太适应这里的环境，只得再次选择离职。再次离职后，小高开始回忆自己跳槽的经历，越发后悔起来。

思虑不周是导致小高离职悲剧的主要原因，在这种“思虑不周”之中，却也存在着虚假两难谬误的影子。

在第一次从工作5年的公司离职时，小高有过一丝犹豫，职业上的发展让他不舍得辞职，而薪资上的不公又让他难以忍受，他曾在“辞职”和“不辞职”之间徘徊过。但以当时的情况来说，他只有“辞职”和“不辞职”这两种选择吗？

细细想来似乎并非如此，他是不是可以试着与总经理谈一谈自己对薪资待遇的看法？是不是可以再坚持做完几个项目后再决定？如果能够再沉下心来多思考一些，小高或许会发现更多新的选择和可能。

有些时候，我们会不自觉地陷入虚假两难谬误之中，就像小松妈妈和小高一样。如果不了解这种逻辑谬误，我们很难发现自己正处于这种谬误之中，并被这种谬误束缚住了手脚，此时的我们就像身处沼泽一般，越是挣扎，下陷得便越快。

放宽自己的思维，在面对复杂事物时，别再只用一分为二的方法去处理事物，多停顿片刻，多思考一些，新的选择和可能便会在不经意间迸发出来。

3. 不支持美国政府，就是支持恐怖分子？

在招收欧提勒士为学生时，著名辩者普罗达哥拉斯与他订立了一份契约。契约规定：欧提勒士在毕业时要支付一半学费给普罗达哥拉斯，而当欧提勒士毕业后第一次打赢官司后需要结清另一半学费。

欧提勒士毕业后先支付了一半学费给普罗达哥拉斯，但此后他并未执行律师职务，一直都没有打官司，这让普罗达哥拉斯十分气恼。见欧提勒士迟迟不支付另一半学费，普罗达哥拉斯想出了一个催债的好方法，他向法庭控告了欧提勒士的行为。

如果欧提勒士胜了这场官司，那按照契约，他需要将另一半学费支付给普罗达哥拉斯；如果欧提勒士输掉了这场官司，那根据判决，他同样要将另一半学费支付给普罗达哥拉斯。如此一来，这场官司的结果无论如何，欧提勒士都要向普罗达哥拉斯支付另一半学费。

面对这种情况，欧提勒士提出了自己的想法，他指出：如果自己胜了这场官司，那按照法庭判决，他将不需要支付给普罗达哥拉斯另一半学费；如果自己输掉这场官司，那按照合同约定，他也不需要支付给普罗达哥拉斯另一半学费。如此一来，无论官司的结果如何，他都不需要向普罗达哥拉斯支付另一半学费了。

就这样，事件再次陷入僵局之中。

上面这个故事所展现的便是“两难推理”，看上去双方说得都有道理，但实际上却都是在诡辩。

以普罗达哥拉斯的论断为例，他提到如果欧提勒士胜了官司，那按照契约规定欧提勒士需要将另一半学费支付给自己。在这一论断中，普罗达哥拉斯规避掉了“法庭判决”这一因素。如果欧提勒士胜了官司，法庭必然会否决普罗达哥拉斯所要学费的主张，这显然与契约规定相违背。所以普罗达哥拉斯的论断是一种“自相矛盾”的说法。

与自己的老师一样，欧提勒士在论断中也用其他论题替代了原本所要讨论的论题，这种论断并不符合逻辑学中矛盾律的规定，所以是不能成立的。

如果说“两难推理”更多是一种诡辩，那假两难推理就是一种“陷阱”，它通常把两个选项视为所有可能性。之所以称之为“假两难”，是因为这些问题往往不止两个选项。只不过是“两难推理”的思维方式局限了我们的视野，让大家误以为只能做非此即彼的选择，从而产生假两难推理的谬误。

在“9• 11”事件发生之后，美国总统在演说中声称，“每一个地区的每一个国家现在都要做出这样一个决定：要么支持美国政府，要么支持恐怖分子。”

美国总统的意思似乎很明确，如果不支持美国政府，那你们就是和恐怖分子一伙的。但仔细想想，除了“支持美国政府”和“支持恐怖分子”外，难道就没有别的选择了吗？

很显然，答案并非如此，完全可以既不支持美国政府，也不支持恐怖分子。既然如此，那上面这种“不支持美国政府，就是支持恐怖分子”的论断就是一种典型的虚假两难谬误了。

从具体情境和意思表示上可以看出，上述谬误并不是论述者在无意识的情况下所提出的，其与前面小节中提到的“产品销售现场主持人的谬误诱导”一样，都是出于某种特定目的而主动使用的。

不同于“我和你妈妈同时掉河里，你会救谁”的虚假两难谬误，上述谬误在要求对方实现自己预期目的时的态度并不是“期望”，而是带有一些“威吓”意味。“你们不支持我，难道想和坏蛋沆瀣一气吗？”在这种提问下，被提问者往往会产生“受迫协同”举动，即选择支持提问者的观点。

正是这种特征使得虚假两难谬误在日常辩论中的“出镜率”很高。在日常辩论活动中，双方所持观点是完全对立的，真正中立的意见一般不会出现在辩论之中。正是基于这一点，辩论双方往往会采用虚假两难推理的思维方式去反驳对方。

在辩论情境中，这是一种很有说服力的逻辑思维形式，通过将对方的观点解释为非此即彼的两种选择，可以将对方逼入两难困境之中。辩论者提出的观点存在两种可能或选择，而这两种可能或选择所引申出的是让对方进退两难的结论。如果对方顺着辩论者的思路去回答，那便会落入圈套之中，进而输掉辩论。

无论是“真两难”，还是“假两难”，只要我们能够分析出这些

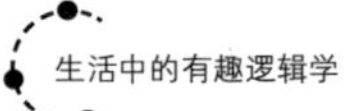

论断的逻辑论证结构，便可以轻松找到破局之法。如果对方向你抛出“二选一”的选择，不要被对方的“危言耸听”吓倒，冷静分析才能得出最佳答案。

4. 诗与远方，很多都是“假两难”

“这个世界不止眼前的苟且，还有诗与远方。”这句触动了无数人的“心灵鸡汤”道出了埋藏在人们内心的渴望，但很多时候，这种渴望只是一种美妙的想象，可望而不可即，再美的“诗与远方”，最后也会回归到“眼前的苟且”之上。

这句话中“眼前的苟且”指的是人们的现实生活，而“诗与远方”指的则是人们的理想生活。现实生活是“单调乏味”的，理想生活却都“美妙多姿”，这之间的反差确实很大。如此来说，过着现实生活的人是不幸的，过上理想生活的人是幸福的，可事实真是如此吗？人们的生活真的只有这两种选择吗？

小丽年轻漂亮，是一位技术过硬的程序员，在工作上丝毫不逊色于身边的男同事，深受领导赏识。按照眼前的发展路径，小丽很快便会升到主管级别，薪资待遇会得到明显提升，这种职业前景着实羡煞旁人，但小丽对于自己当前的处境却并不开心快乐。

原来小丽自幼爱好文学，阴差阳错选择了理科，走上了与文学渐行渐远的道路。小丽对现在的工作已经失去了兴趣，但对于转行到文字工作又缺乏信心，就这样，她陷入人生的两难抉择之中，整个人都变得压抑了很多。

对小丽来说，现实生活确实单调乏味，但似乎并没那么残酷，毕竟她还能获得较高的收入。从事文字工作是小丽的理想追求，小丽对此充满了美好的想象，但想要过上这种生活，却存在一定的难度。正是这样，小丽陷入了人生的两难选择。

现在的状况真的是小丽人生的“两难选择”吗？继续从事现在的工作是小丽的一种选择，辞职从事文学类工作是小丽的另一种选择，正是这两种选择让小丽陷入两难境地之中，但其实除此之外，小丽还有其他选择。

继续维持现在的工作，利用休息时间充分了解一下文字类工作的具体要求；或者试着做一些兼职的文字类工作，看一下自己的能力水平如何；又或者在现有行业中选择一份文字类工作，此后再逐渐朝着文学梦努力。这些都可以是小丽的选择，如此看来，小丽其实陷入了“假两难”选择之中。

人生充斥着这样的“假两难”选择，考公务员还是进私企？留在大城市还是回老家？这些看上去只有两种选择的问题，实际却并不只有这两种选择。

“考公务员还是进私企”是职业规划问题，如果单纯比较两种选择的优劣，那需要根据不同人的不同情况来进行分析。年富力强有冲劲的人适合进私企磨炼，办事踏实追求稳定的人适合考公务员，但人生的职业规划真的就只有这两种方向吗?

单从体制内的工作来说，与考公务员相类似的选择还有报考部队文职、参加选调生考试、做大学生村官、参与国企招聘等；而在体制之外，与进私企相类似的选择则有进入外企工作、自主创业等。

在做出选择之前，大多数人会在所有选项中选择两个自己中意却不那么容易达成的选项，此后便执着在这两种选项之中无法自拔，陷入“假两难”之中。

这种时候，我们应该擦亮双眼，保持清醒的头脑，透过眼前的“两难选择”，找到更多的人生可能性。只有这样，我们才能真正摆脱人生的“假两难”困境，才能让自己的人生变得更有意义。

人生的旅程不是一道选择题，而是一道思考题。当我们想要解决一个问题时，如果有 A 和 B 两个选项可供选择，而这两个选项又都不那么尽善尽美时，不要急着下结论，花一点时间，试着去寻找一种新的答案 C，这可能是解决问题的最好答案。

人生的选项不止一个，也不止两个，比三个要多，可能是四个、五个。如果我们总是想着要在明确的选项之间做出一种选择，并且希望这种选择做出之后，事情就能得到圆满解决，那很多时候等待我们的可能是并不如人意的结局。别把自己局限在现有选项之中，试着多思考、多探索一些，这样才能更好地找到人生的最优解。

“套路”六：使用模糊表述，引人掉入陷阱

中华民族的语言文字博大精深，同一句话在不同场合中所表达的意思会完全不同。这就要求我们在与他人沟通过程中，要把握好语词的准确性。如果在社交场合用错了语词，社交活动也就宣告失败了，严重的还会由此引发诸多不良后果。

这样来看，每个人都应该把握好各类语词，尤其是那些多义性、歧义性的语词，以此来避免在社交场合出差错。

但在日常生活中，有些人掌握语词的多义性、歧义性，可并不全是为了不出错。一些时候，他们就是为了以此制造些“错误”，来促成自己的目的。这里要说的语义混乱谬误正是这种情况。

语义混乱谬误也可以称为歧义性谬误，如果一个词、短语或语句的含义在某个论证过程中游移不定，并且影响到结论的可接受性，那这种论证便是一种语义混乱谬误。

在《水浒传》中，杨志在被高太尉赶出殿帅府后，身上没有一分钱，为了维持生计，只得卖掉祖传宝刀，但没想到遇到了泼皮牛二。

杨志在宣传自己的祖传宝刀时提到自家宝刀的三个好处，一是可以砍铜剁铁、刀口不卷；二是可以吹毛得过；三是能杀人不见血。

对于前两个好处，在牛二的要求下，杨志亲自示范，都得到了证实。但牛二为了霸占宝刀，非要杨志示范这“杀人不见血”的好处。杨志不肯，牛二便百般刁难，最后在无可奈何之下，杨志一刀便杀了牛二，刀上果然没有沾血。

牛二当然知道杨志说的“杀人不见血”所表达的是什么意思，但他为了霸占杨志的宝刀，却故意用另一种语义来替代杨志的意思，这便是使用语义混乱谬误来达成自己目的的典型事例。

在日常生活中，有许多人像牛二一样，惯常于使用这种谬误去达成目的。除了这种谬误，还有一些与之类似的谬误，也经常会被人们误用，偷换概念就是一种较为常见的逻辑谬误。

偷换概念指的是在同一个思维过程中，故意使用一个概念去替代另一个不同概念进行论证的行为。论述者主要是通过制造语词概念的混乱，来达成自己的目的。与上面牛二所犯谬误一样，这类谬误都是论述者主观故意为之的。

甲：你们夫妻每天在楼上吵吵闹闹影响别人休息，能不能注意点？

乙：影响别人又没影响你，你吵吵什么？

甲在表述“别人”这个概念时，显然是将自己囊括在内的，但到了乙这里，甲却被排除在“别人”之外，很显然，这是乙为了逃避责任，故意偷换了概念。

从这一角度来说，就像“不干了这杯酒，就是不把我当朋友”的论述，也属于一种偷换概念的表达。而如果我们拒绝了别人的借钱请求，对方却以“你不把我当朋友”“你是怕我不还你”“你是瞧不起我”这种语句来回应，也是一种偷换概念的谬误。

无论是语义混乱的谬误，还是偷换概念的谬误，都是在语词、语句的应用上出了问题。不管论述者出于有意，还是无意，只要我们能发现其语词应用上的问题。便可以顺利识破这种谬误。在识破谬误后，才能将话题重新引到正确的轨道之上。

1.“大师”算命，就用一根手指

小明妈妈不知从哪里听到街口来了个“算命大师”，遂叫上小亮妈妈和小天妈妈一起去街口算起孩子的模拟成绩来。三个孩子马上要进行第一次模拟高考的考试，妈妈们想知道自己孩子能不能过重点线，怎样能提高成绩。

听了三位妈妈的讲述，“大师”捋了捋自己的胡须，什么话也没说，只是伸出一根手指。任凭三位妈妈再问什么，“大师”也是一句话也不说。几天之后，三个孩子的模拟考试结果出炉，只有小亮的成绩达到了去年重点大学的录取线。

看样子“大师”算得还真是准，这一次，由小亮妈妈牵头，三位妈妈再次去拜访“大师”，买了不少礼物不说，还给“大师”送了不少礼金。听完三位妈妈的描述，“大师”依然没有说话，只是不知在纸上写了什么“秘诀”交给三位妈妈后，便拿着礼金离开了。

三个妈妈按照“大师”的“秘诀”给孩子们辅导功课，却没有起到任何效果，再去寻找“大师”，早已经找不到人了。

这位“算命大师”还真是来无影去无踪，没拿到钱时守株待兔，拿到钱后立刻逃之夭夭。很明显，这三位妈妈是被骗了，这位“大师”根本没什么本领，就是一个坑蒙拐骗的骗子。

说“大师”是骗子，那为什么“大师”第一次就算得那么“准确”呢？难道“大师”是靠蒙的吗？

这位“大师”并没有靠蒙来骗钱，而是靠逻辑谬误骗到了钱。第一次“算命”时，大师竖起一根手指，什么也没有说，让三位妈妈自己去揣测意思。无论三位妈妈揣测出什么意思，或者说无论最后发生了哪种情况，“大师”这一根手指都可以涵盖所有可能，因为“大师”的这种表述本就是模棱两可的。

下面我们来简单罗列一下三个孩子考试的所有可能情况：

情况一：一个孩子考过了重点线。

“大师”的意思：一个孩子能考过重点线。

情况二：两个孩子考过了重点线。

“大师”的意思：一个孩子考不过重点线。

情况三：三个孩子都考过了重点线。

“大师”的意思：没有一个孩子考不过重点线。

情况四：三个孩子都没考过重点线。

“大师”的意思：没有一个孩子考得过重点线。

这四种情况就是三个孩子考试后的所有可能，三个孩子考试的最终结果只能是这四种情况中的一种，而“大师”的一根手指则穷尽了这些可能。当只有小亮一个人考过重点线后，“一个孩子考过重点线”的情况发生，三位妈妈也领会到了“大师”所表达的“一个孩子能考过重点线”的意思，钱就是这样被骗的。

通过将一种语词（大师竖起一根手指可以看成一种无声的语言表达）的多种语义佯装用成一种语义，从而诱导对方得出不可靠的结论，这正是模棱两可谬误的典型表现。这位“大师”正是使用了模棱两可的谬误欺骗了三位妈妈。

一个良好的论证，一定要保证语词的准确性，在整个论证过程中，论述者应该确保同一语词的语义保持不变（人人都理解的词义改变和论述者特别说明的情况除外），这是良好沟通的基础。

使用语词模棱两可的人，要么是想要达成某种目的而故意为之，要么就是不懂词义的无意之举。但不管是哪种情况，在论证过程中让关键语词的词义发生变化，就会让整个论证变成一种模棱两可的谬误。

论据无法支撑前提，前提自然没办法得出结论，这是模棱两可谬误错误的根源所在。由此根源，我们可以找到应对这一谬误的有效方法，那就是盯着对方论证的关键词不放，一旦发现关键词的语义发生改变，立刻指出对方的错误。

这样对方就必须要抛弃浑水摸鱼的想法，重新去寻找合适的论据，而在大多数情况下，这种诡辩是很难找到有效论据的。

2. “节日大促销，全场一折起”

难得赶上了国庆中秋双节连休，小玲向几个好姐妹发出邀约，要去商场“血拼”一番。盯上节日出来购物，小玲确实没有打错算盘，看着商场各店家门前摆放的打折立牌，小玲整个人都精神了不少。

几个好姐妹逛到一家“全场一折”的店面前，兴冲冲地跑进去，将喜欢的衣服轮番试了一遍。在几个人试衣服期间，售货员一遍又一遍地介绍着自己服装的高质量，这更加增加了几个女生的购买欲望。

在确定了几件心仪的衣服后，几个姐妹开始询问起价格来。当售货员细细说完价格后，几个小姐妹面面相觑起来。

小玲：不是全场一折吗？一折的衣服还要 1000 元吗？

其他姐妹：对啊，一折的衣服还要 1000 元吗？

售货员：我们家衣服的质量是绝对有保障的，你看你们穿着多显气质啊！现在是搞活动，全场衣服一折起，你们选的这几件是时下最流行的款式，现在只要九五折……

听完售货员的话，几个小姐妹默默将衣服退还给售货员，一脸沮丧地走出店铺。在走到店铺立牌前时，小玲才第一次注意到原来超大的“全场一折”字样旁边还有一个“起”字。

小玲等几个小姐妹一定是感到自己被欺骗了，以后应该再也不会去那家店了。她们的情况不能说是被欺骗了，严格意义上来讲，应该算是受到了诱导，陷入商家强调诱导的谬误之中。

所谓强调诱导谬误，是指论述者对某个语词或某个特定方面进行不恰当或是异乎寻常地强调，进而诱使对方得出某种不可靠的结论，以达到自己的目的。有些时候，论述者还会使用这种谬误对别人的陈述做出断章取义的理解，使其背离对方原意，而帮助自己达成目的。

小玲几个小姐妹遇到的情况便是如此，商家先是在广告立牌上，用大小不一的字体展示对自己有利的内容，诱导消费者进店；而后售货员在介绍商品时又着重强调衣服的质量，而避而不谈其不参与一折活动的情况，等到顾客已经有购买意向后，再如实说出衣服的价格。在这种情况下，商品出售成功的概率显然会更高一些。

随着互联网媒体的普及，尤其是许多自媒体的出现，强调诱导谬误的发生频率变得越来越高。

一个时事热点，不同媒体会从不同角度去报道，有的媒体会站在中立角度，如实报道事件细节内幕；有的媒体则会倾向于事件一方，或多或少地多报道一些对其有利的内容；有的媒体则会为了博眼球、吸引关注，而故意强调与事件本无太大关联的猎奇内容……涉及强调误导谬误报道的背后，都是报道者为了实现自己目的而为之。

通过将词语或陈述从全部事件内容中截取出来，忽略其本来的意思和语句关系，这种断章取义的方式，会向对方传递错误信息，并使其推论出虚假或不可靠的结论。除了这种形式，强调诱导谬误还存在另一种形式。

这种形式的强调诱导谬误会通过精心挑选一些非断言结论的字眼，来诱导对方做出异常的结论。这种暗讽手段一般都没有证据支撑，通常被用于正面指责或言语攻击他人时。

小黑：小白和小吕还在谈恋爱吗？

小红：应该是吧，按小吕的话说是这样的。

小黑：除了小吕，小白最近都跟谁约会了？

小红的话便存在一种隐藏的含义，即小吕并不知道小白的实际想法，或者说小白可能已经移情别恋，但小吕依然一厢情愿地认为两人在谈恋爱。小黑的第二个提问正是基于小红的影射式论证而来，所以两个人都存在强调诱导的谬误。

对于这种谬误，最有力的反击方法是将对方论证中存疑的不正当强调部分直接指出，然后要求对方提供完整解释予以澄清。为了防止被那些宣传、标题所误导，在做出结论前要阅读完整正文，并仔细询问细节内容，切不可仅凭标题或宣传语来做出判断。

比如，在看到商场门口的“全场一折起”的牌子时，先问清楚哪些商品参与打折，具体商品的价位如何，在获得充分信息后，再做出判断，以免因此而浪费自己的时间。

对于那些使用暗示性表述的论证人，我们应该在接受暗示并得出结论后，要求对方对其表述进行证明。如果对方无法对其暗示性表述进行证明，那我们据此所得出的结论便无法成立。此时，对方需要收回自己的暗示性表述，或者声明这种表述的不确定性。

在应对强调诱导谬误时，“多提问”是一种明智的做法，不要出于面子而不敢去提问。被别人觉得麻烦，总比做出错误判断，被人欺骗强得多。

3. 男人都“无情无义”，那女人也一样

小易和小楠是青梅竹马的玩伴，升入大学后，两人又去到了同一所城市，久而久之两人便成了男女朋友。两个人从小玩到大，按说应该很理解对方的脾气秉性，但在交往一段时间后，两人却发现原来彼此并不了解对方。

小易和小楠的第一次吵架是因为谈论女生的衣着。小易不经意间提到自己同班的一位女生衣品不错，惹得小楠很是生气。“她衣品不错，我就错了呗！”小楠愤愤地说。在小易连番解释下，小楠才不再追究这件事。

两人的另一次吵架是因为小易忘记为小楠准备生日礼物，小楠觉得小易并不重视自己，歇斯底里地冲着小易喊叫。满心愧疚的小易连连认错，但却换来小楠一句“男人都是无情无义的”。

这句话彻底点燃了小易，两人开始对吵起来，面对小楠的责难，

小易以“女人也是无情无义的”予以反击。就这样，两人开始了“翻旧账”式争吵，一直持续到两人都不想再理对方。

小易和小楠的经历大多数情侣应该都有所体会。引发两人矛盾的问题都不是大问题，但最后却都造成了一些不好的影响，再严重些，甚至要闹到分手反目的地步。小小的矛盾问题为何会发展到如此地步呢?

这些问题的关键并不在矛盾的大小上，而是在两个人解决问题的方法上。在上面的故事中，小易和小楠都犯了一个典型的逻辑学谬误，正是这种谬误将两人在正确解决问题的道路上越带越偏。

当听者对论证人陈述中的某个语词进行不恰当的格外强调，推论出一个有关联但本未提及的反意声称时，这个人就犯了不当反推谬误。

与强调诱导谬误不同，不当反推谬误的“始作俑者”是倾听论证的人，而并不是论证人。这与另一种与强调相关的谬误“虚假暧昧”很像，都是理解声称的方式违反了论述者的原意。论述者本没有做出带有隐含反意的声称，只是听者自己声称论述者的表述中存在某种隐含的反意。

小易和小楠的第一次吵架，缘由是小易说“自己班级有位女生的衣品不错”。这种表述中并不存在任何隐含的反意，但小楠显然认为这种论述中存在一种隐含的反意，即“我（小楠）的衣品不怎么样”。

小高：小甜，你身上这件衣服不是小娟的吗？

小甜：对呀！但现在是我的了，她送给我了。

小高：你穿这件衣服还挺合适的，挺好看。

小娟（冲着小高）：那你的意思是我穿着不合适、不好看吗？

在上述对话中，小娟所犯的错误与前面小楠所犯错误一样，都是一种不当反推的谬误。小娟的逻辑论述结构可以表示为：

前提：小高说我的衣服很适合小甜，小甜穿着很好看。

隐含前提：她虽然没说我穿这件衣服不好看，但她明显是这么想的。

结论：她一定是认为我穿这件衣服不好看。

小娟的错误在于在自己的论述过程中凭空添加了一个前提。小高表述的重点在于小甜身上的衣服好看，说的是衣服的效果，并没有隐含对小娟穿这件衣服样子的评论。但显然，小娟错误地将小高的强调重点放在了小甜身上，所以才产生了这种不当反推的谬误。

从这一点来看，前面小易和小楠的第二次吵架，小易显然也犯了不当反推的谬误。小楠的表述并没有对比男人和女人谁更无情，其更多是一种出于当时情境的内心情感表达，但小易却认为小楠是在强调“男人都无情无义，而女人都不无情无义”这一结论，这便是一种不当反推谬误。

如果将不当反推谬误总结为一种固定的公式结构，那它可以表示为论述者提出“对 M 来说，N 是真的”的论断，听者得出“对非 M 来说，N 不是真的”。比如，论述者提到“学理科的人头脑都比较灵活”的论断，而听者得出“学文科的人头脑都不那么灵活”的结论，这就是一种典型的不当反推谬误。

应对这种不当反推谬误的方法并不多，或者说真正能够起到作用的方法少之又少。当对方从我们的论述中拆解出并未存在的可疑的反意声称时，我们可以要求对方对此进行举证，说明是如何从我们的论述中得出这种结论的。

对方在这种情况下总会坚持认为我们的表述里确实有隐含的声称，只不过没有明确表示出来。那么接下来，我们就要直截了当地予以否认。

当然，在小易与小楠的故事中，任何一方想要直接否认对方的观点都不那么容易，男女朋友吵架如果能简单用“讲道理”的方式解决，很多架也就吵不起来了。不管怎样，否认自己表述中存在可疑的反意声称是很有必要的，即使没办法直截了当地说清楚，也要表现出愿意与对方就此进行讨论的态度。

4. 成绩不好的孩子，干什么都不行？

夏日午后，王大妈和李大妈在树荫底下唠闲嗑，两人天南海北地聊了一通之后，不知怎么聊到了隔壁齐奶奶孙子身上。

齐奶奶的孙子今年刚上高一，不怎么喜欢跟长辈打招呼，假日里也不爱跟别的孩子一起玩耍，学习成绩也是忽上忽下。前几日，齐奶奶让孙子去地里拔几根葱回来，谁知这孩子只拔了一些葱叶回来。齐奶奶只得带着孙子重新去地里，手把手地教孙子拔葱。

唠到这里，王大妈笑着对李大妈说：“这学习成绩不好的孩子呀，真是干什么都不行。你家那小子，次次拿第一，家里什么活也都能干好，你可该知足了。”

听到王大妈的赞许，李大妈附和道：“是啊，要说这成绩好的孩子，真是什么都好，你家孩子也是够让人省心。”

在王大妈和李大妈一番互捧之后，树上的知了开始叫了起来，不知是在赞同她们的话，还是在反驳她们的话。

不管知了赞不赞同两位大妈的话，至少我们是不应该赞同两位大妈的表述的。两位大妈互捧的事实可能是真实的，但两位大妈的表述从逻辑学角度看确实存在着严重的问题，所以从这一点上，我们是没办法赞同她们的表述的。

两位大妈的问题主要是滥用模糊，即“成绩不好的孩子”的表述是含混不清的，以此来确立的观点或得出的结论，显然是靠不住的。

滥用模糊是一种典型的逻辑谬误，其主要是指利用含混不清的表述去树立结论、表达观点，或者是对别人话语中并非精确的语词，赋予精确的意义，借此来推出不可靠的结论。

在日常生活中，使用模糊语言并没有什么问题，我们几乎每天都会使用模糊的表达，这与语言的丰富性有关，也与各地语言特色有关。在一些无关紧要的小事上，略显模糊的表达也能解决问题。在这种情况下，使用模糊语言便不能算是一种谬误。

当我们想要论证某些道理，或是说服别人相信我们的结论时，使用模糊语言便属于一种谬误。

比如上面故事中，王大妈在论证齐奶奶的孙子“干什么都不行”这一结论，使用了“成绩不好的孩子”这种模糊表述，就存在很大问题。成绩多少是好？多少是不好？有的人认为 60 分是不好，有的人认为 60 分就挺好，学霸们甚至认为 99 分都不够好，所以这里前提中“成绩不好”的表述是模糊的。

又比如，一位员工说自己的工作强度过高，希望提高薪资水平。对于领导来说，这种表达既没法反驳，也没法赞同，因为领导根本不能理解员工所表达的前提中“工作强度过高”这种模糊表述。

如果员工因为被分配的工作过多，想向领导申请涨薪，那他需要在论证过程中用更为精确的关键词语去证明自己配得上涨薪。其他员工每周只需要完成 50% 的工作，自己却要完成 200% 的工作，这种表述显然要比“工作强度过高”要更好。无论最后是否能够如愿涨薪，至少领导能知道我们想跟他谈些什么。

从别人模糊的表述中做出精确的推论，也是一种滥用模糊的谬误。在没有弄清别人的模糊表述究竟是在指什么之前，最好不要强行根据自己的理解得出结论。

一个关键语词模糊的表述，不能用来支撑任何的道理，也不能从中推导出任何有特别意义的结论。如果将其用在论证的前提中，就会出现滥用模糊的谬误。

为了确保自己不出现此类谬误，在一些有争议或比较中意的沟通过程中，我们应该尽量避免使用模糊的表述。如果某个关键语词确实存在语义不清的情况，要么找其他语义清楚的语词替换，要么为其添加额外的解释，这样才能避免对方的理解出现偏差。

在保证自己不出现这种逻辑谬误的情况下，我们还要学着应对这种谬误。在与对方沟通过程中，如果对某个关键语词的用法范围或含义无法确定，最简单的方法就是请求对方对这一关键语词做出更为精确的说明。尤其是在面对重点议题时，比如领导在交代重要工作时，一定要再三确认关键语词的含义，以免出现不必要的问题。

如果对方执意在论证过程中，使用模糊的关键语词去支持某一特定结论，那我们便应该直指其前提中关键语词的语义模糊问题，要求对方解释其论证的可接受性。让对方知道滥用模糊的伎俩已经被识破，我们便能在论证中占据主动。

第七章　虚构因果：看似理所当然，实则毫不相干

“套路”七：用虚假的因果关系证明结论

在推理论证中，前提的真实性是推理能否成立的关键因素。在日常生活中，如果要保证推理论证的结论必然为真，就一定要做好两个方面的工作，一方面是要保证前提必然为真，另一方面时要保证推理论证的过程合乎逻辑规则。

无论使用哪种推理方法去论证结论，都要做好上述两项工作，如果用不真实的前提去推导结论，就会导致虚假因果谬误的发生。

因果关系是许多学科中的重要研究课题，在逻辑学、哲学、物理学、法学和工程学中，都需要使用因果关系。逻辑学中的因果关系更多表现在推理论证的过程中，由前提推导出结论，因果关系在其中起着重要作用。

虚假因果是一种典型的非形式谬误，当一个论述者在论述中，将本不是原因的因素当作原因时，他就犯了虚假因果的谬误。

一支曾经多次夺得冠军的排球队，不知是何原因，在新赛季接连输了几场球，士气严重受挫。一次比赛前，球队经理拿着几张不知从哪儿弄来的贴纸来到球员更衣室。看到队员们正准备起身向外走，球队经理拦住众人，说道："这是我特意请'大师'祈福过的，每人拿着自己的号码，贴到衣服上。这样，这场球你们就一定不会输了！"

球队经理说完，兴奋地将贴纸分发给大家。球员们将贴纸贴在自己的衣服上后，兴致高昂地走出备战室。一场激战过后，球队果然以大胜收场，此前的低迷士气也被这场大胜一扫而空。

应该没有人会相信是祈福贴纸帮助球队获得了胜利，即使是球队经理自己，应该也不会相信这一点。真正帮助球队获胜的，应该是通过这种祈福贴纸带来的求生欲望和信心，当然还有球员们自身的实力。如果有谁认为是祈福贴纸帮助球队获得了胜利，那他便犯了虚假因果的谬误，错误地在"祈福贴纸"和"球队胜利"之间建立了因果联系。

在本不存在关联的事件间建立因果联系，是虚假因果谬误的一种主要表现。这种虚假因果谬误类型很容易辨别，只要能抓住论述者的前提和结论，就能轻而易举地识破二者间存在的虚假关系。

以上面的"祈福贴纸"故事为例，如果有人坚定地认为是由于球队的每个队员身上都贴了祈福贴纸，所以球队才取得了胜利，那让对方球员也都贴上祈福贴纸，结果又会怎样呢？双方都取得胜利，还是双方打成平局？显然，用这种原因去论证球队胜利是不靠谱的。

除了强行在前提与结论间建立因果关系外，虚假因果谬误还有几种其他的表现：

单纯根据发生时间先后来为两个事件建立因果联系，这是一种典型虚假因果谬误表现，常被称为后此谬误。

小雅每次感冒，奶奶都会给她熬一种由柑橘、姜片、甜梨、药草混合而成的汤剂。通常喝过几天汤剂后，小雅的感冒就会好。看到是自己的汤剂治好了小雅的感冒，奶奶开始四处向邻居推荐自己的汤剂。

奶奶显然是认为自己的汤剂治好了小雅的感冒，但真的是这样吗？小雅喝汤剂在先，感冒好在后，这是奶奶判断的根据所在，但单纯因此便在两件事间建立因果关系显然是不靠谱的，因为感冒这种病症，依靠人体自身的免疫力，也可以在几天后自然痊愈。

因为两个事件同时发生，就认为两件事间存在因果关系，也是一种典型的虚假因果谬误表现。

20 世纪 60 年代，美国彩色电视机开始畅销。到了 1966 年，美国彩色电视机的数量超过了 1000 万台。与此同时，美国的犯罪率也开始飙升，社会治安也开始变得混乱起来。据此，很多人认为是彩色电视机的普及导致了犯罪率的飙升。

“彩色电视机的普及”与“犯罪率的飙升”这两件事本没有什么关联，只是因为它们同时发生，就认为二者间存在因果关系，显然犯了一种将相关性当作因果性的谬误。

除了这几种表现外，虚假因果谬误还有一种常见的表现。有些时候，引发某种结果的原因并不是单一的，但论述者却将结果归结于单独或过少的原因，这种谬误通常被称为单因谬误，论述者犯了一种典型的简单归因错误。

在应对这些虚假因果谬误时，仔细分析前提与结论间的关系，是解决问题的关键所在。如果发现前提和结论并不存在明确的因果关系，那这种论述就很可能是一种虚假因果谬误。如果在第一时间我们没办法明确前提与结论之间是否存在因果关系，那便可以对这种论述暂时存疑，等搜集到足够资料后，再做出合理判断。

1. 朋友圈里的“不转发不是中国人”

从高中升入大学，小刚拥有了自己的第一部智能手机，这让他的生活瞬间丰富多彩起来。在上课之余，“刷朋友圈”成了小刚每天都必须要做的事情。

不知从什么时候开始，小刚注意到朋友圈里经常会出现带有“不转发就不是中国人”“转发后一生平安”标签的文章。每次看完朋友圈的文章，都会看到这些话，小刚没有多想，便随手转发了这些信息。

由于每天都在朋友圈转发这样的内容，小刚遭到舍友小宇的指责。在小宇的一通说教之后，小刚才恍然大悟，自己似乎被别人“套路”了，转发这些内容就能证明自己爱国吗？

刷过朋友圈的人应该都接触过这种曾经风行于朋友圈的胁迫转发用语。转发这些内容就有了做中国人的资格吗？

显然，这种逻辑是完全说不通的，论述者在前提和结论之间建立了一种虚假的因果关系，他们想要通过这种操作来达到自己的预期目的。

前提：你转发了这篇文章。

前提：转发这篇文章才有资格做中国人。

结论：你有资格做中国人。

这种论断的逻辑论证结构很明显，“转发这篇文章才有资格做中国人”这个前提是虚假的。这篇文章可能介绍了中国人的传统美德，介绍了中国人的历史文化，但不论介绍什么，都不能证明“转发这篇文章才有资格做中国人”这一前提。

既然没办法证明前提为真，那结论自然也就无法为真。事实上，单就这一论断而言，很明显是一种虚假因果的论断。

“转发这篇文章”与“有资格做中国人”之间并不存在因果关系，二者是毫不相关的。论述者之所以将它们联结在一起，主要是为了达成自己的预期目的，即让我们来转发这篇文章。

这些虚假因果论断的应对方法很简单，对于这种赤裸裸地虚构因果，并以胁迫方式要求转发的行为，直接举报是最好的方法，如果不想举报，选择无视就好了。

相比于这种赤裸裸的虚假因果论断，还有一些论断也犯了虚假因果谬误，这些论断也是为了达成论述者的某种预期目的，但其隐蔽性显然要比上面提到的这些论断更高一些。

最近一段时间，小亮沉迷于直播平台无法自拔，他关注了许多平台上的主播，心情好时就会花钱去打赏主播。一天，一个他关注许久的主播在直播间提到要跟打赏最多的朋友吃一顿饭，这大大刺激了打赏排名第二的小亮，他一股脑地将当月工资全部打赏给了主播。

原以为自己会如愿以偿与主播共进晚餐，但没想到自己依然没有第一名打赏得多。身上已经没有钱的小亮打算找小天借些钱来应急，却遭到小天的拒绝。

小亮：你是我最好的朋友，你不觉得在这件事上你应该帮帮我吗？

小天：不觉得。

小亮：这关系着我的人生大事啊，我只能求你了。

小天：别。

小亮：咱俩从小玩到大，这么多年的感情，你不帮我谁能帮我啊？求你了！

由于小亮的软磨硬泡，小天只得在自己的积蓄中拿出一些借给了小亮，但他内心很清楚，自己本不应该借出这笔钱。

被借钱确实是件很难拒绝的事情，尤其是被那些关系较好的朋友借钱，在这种时候，关系好变成了一种“证据”，专为借钱而服务。在上面的故事中，小亮关于借钱的论断可以简化为“你是我最好的朋友，所以你要借给我钱”。听着似乎有些道理，但其实并没什么逻辑可言。

“最好的朋友”和“借钱”之间显然并不存在明确的因果关系，只有听说“欠钱”和“还钱”之间存在因果关系，但却没听过“好朋友”和“借钱”之间存在因果关系，所以即使是好朋友，不借给我们钱也是正常的事。

即使小亮的论断并没有逻辑性，也并不能自圆其说，他依然借到了钱，这似乎说明“好朋友”与“借钱”之间或多或少又存在着一些关联。但无论是存在哪种关联，这二者之间也不会存在因果关联。当然，在这种情况下，用“不存在因果关系”来拒绝借钱，很多时候也都是没用的。

2. “别离婚了，离婚之后你是不会快乐的”

结婚典礼刚办完，小佳便和老公开始了蜜月旅行，原以为会是一场梦寐以求的甜蜜之旅，但没想到却成了一场失意之旅。

在旅行过程中，小佳无意中看到老公的聊天记录，发现老公竟然在结婚前仍和其他几个女生存在暧昧。小佳拿着聊天记录质问老公，对方只得无奈恳求原谅，就这样，带着失落的心情小佳结束了蜜月旅行。

回到家，小佳跟父母说了这件事，却没想到父母并不支持自己离婚。小佳的父母认为离婚之后，小佳是不会快乐的，如果对方能够改掉，婚姻还是可以延续的。不仅父母这样说，就连小佳的朋友也是这种态度，离婚的人要比婚姻有问题的人更不快乐。就这样，小佳并没有选择离婚，而是选择了原谅。

对于小佳的做法，我们没必要去指指点点，每个人都有权选择自己的生活。只要他能够承担这种选择所带来的各种或好或坏的影响，别人是没权利对其指手画脚的。

在上面这个故事，我们不去点评小佳的做法，但对于小佳父母和朋友所给出的“离婚是不会快乐的”这种论断，却是很有必要说一说的。先说结论，“离婚是不会快乐的”在当前这种情境下是一种虚假因果谬误，其典型特点是忽略了事件发生的共因。

如果按照通常的思维方式去判断，“离婚是不会快乐的”这种论断似乎是有道理的，或者说这种论断是完全正确的，离婚之后怎么会快乐呢？

确实，离婚是不会快乐的，但离婚真的是不快乐的原因吗？或者说导致不快乐的原因真的是离婚吗？

以上面小佳的故事为例，新婚伊始便要离婚，肯定不是一件快乐的事，但导致小佳不快乐的根本原因究竟是离婚这件事，还是老公花心这件事呢？很显然，老公花心才是导致小佳不快乐的事，而且这也是导致小佳离婚的原因所在。

这样一来，整个事件的因果关系链条就完整了：

前提：小佳老公花心。

结论：小佳和老公离婚。

前提：小佳老公花心。

结论：小佳不快乐。

正如上一小节提到的一样，当A事件与B事件同时发生时，两者间并不一定存在因果关系，可能还有其他因素P，既是A事件的原因，也是B事件的原因。

如果小佳老公不花心，小佳就不会想离婚，更不会不快乐。搞清楚这一点，“离婚是不会快乐的”以及“离婚的人要比婚姻有问题的人更不快乐”的谬误也就不攻自破了。当然，这里是对这个案例而言。

英国著名逻辑学家密尔在《逻辑体系》一书中指出：“如果一个现象以某种特定方式变化，另一个现象也发生变化，无论它采取何种方式，前一现象要么是后一现象的原因，要么是它的结果，要么两个现象通过某种因果事实而相互联结。”

从这种表述来看，如果一个现象不是另一个现象的原因或结果，那这两种现象则是一个共因的两个不同结果。在小佳的故事中，小佳老公花心便是“小佳要离婚”和“小佳不快乐”的共因。

这种忽略共因的谬误在日常生活中是较为常见的，但这种谬误在辨别时要比其他虚假因果谬误更难一些。

比如，“秋天到了”这件事，才是“大雁南飞”和“天气转凉”这两件事的共因，但在日常生活中，人们却并未察觉到“大雁南飞，天气就要转凉了”这样的论断有什么问题。

又比如，某个人减肥一个月却住进了医院，家人朋友纷纷劝说他不要再减肥了，正是因为减肥才让他住了院。

减肥之前没住院，减肥之后住了院，似乎减肥确是这个人住院的原因所在。但也可能这个人是因为其他原因住了院，而跟减肥没有关系；也可能真正导致他住院的原因是肥胖带来的身体疾病，减肥也只是这种原因的一个结果而已。

如果是第一种情况，那这个人的家属和朋友们便犯了后此谬误，以时间先后强行建立因果关系；如果是第二种情况，那这个人的家属和朋友们便犯了忽略共因的谬误，没有找到导致他住院的根本原因。

从这一例子中，我们可以总结出一种应对虚假因果谬误的基本方法，那就是重点考察事件的相关性是否必然能推出事件的因果性。寻找引发结果的根本原因，才是应对这一谬误的最有效方法。

3. 不干了这杯酒，就是不把你当朋友吗？

某日，小朱、小王等一群好友相约聚餐，饭桌上，菜品没点多少，各式酒品却应有尽有，红的、白的、黄的、黑的，样样都有。

小王是出了名的“千杯不醉”，在酒桌上可以说是难逢对手。这一次，小王一个人单挑其他几人，也是丝毫未落下风。

看着已经站不住脚的小朱，小王拿起酒瓶给小朱倒了一大杯酒，自己则直接倒了一大碗。小王端着酒碗向小朱敬酒，小朱却死活不肯接受，看小朱的状态，确实也喝不下去了，但小王却丝毫没有罢休的意思。

小王：朱哥，来啊，这是兄弟给你倒的酒，你要是不干了，那就是不把我当兄弟。

小朱：不了，不喝了，不喝了。

小王：来吧！是兄弟就干了，我干了，你随意。

扛不住小王连番劝酒，小朱只得仰头喝掉酒杯中的酒，喝完之后便倒头在椅子上睡了过去。

“酒逢知己千杯少，不是你倒就我倒。”在酒桌上，劝酒是一项很常见的活动，在诸多劝酒辞令中，“不干了这杯酒，就是不把我当朋友”这句话的分量够足，效果也够好，是很多人劝酒的不二话术选择。但实际上，这种“不干了这杯酒，就是不把我当朋友”的论断，其实是一种虚假因果谬误论断。

与前面提到的“犯罪率飙升是因为彩色电视机普及”的论断一

样，“不干了这杯酒，就是不把我当朋友”中的两个事件也是毫不相关的。可能有人会有疑问，怎么能说这两件事是毫不相关的呢？

想要了解这一问题，我们不妨用类比的方法来思考一下：如果说“喝不喝酒”跟“是不是朋友”之间存在因果关系，那“借不借钱”跟“是不是朋友”之间是不是也存在因果关系？又或者无论我想让你做什么事，都可以跟“是不是朋友”扯上关系？

从这一点上来看，这种论断与“不转发不是中国人”的论断似乎又有一定的相似之处。这两种论断都试图达成某种目的，论述者将这些目的作为论断的前提，而后又选择了一种颇具影响力的结论，强行与自己的前提建立因果联系，由此形成一种让人无法拒绝的逻辑。

“你不转发，就不是中国人”“你不干了这杯酒，就是不把我当朋友”，可以看出，这些论断的结论是颇具威慑性的。如果对方没有认识到这种被强行建立的因果联系，就很容易受到威慑性结论的影响，按照论述者的要求，去达成论述者的目的。

强行在两个不相关的事件间建立因果联系，并打算以此来说服别人的方法，成功的概率其实并不高，也更容易被人识破。一些时候，有的人会在两个存在相关性的事件上建立因果联系，形成某种论断，以达成自己的目的，相对而言，这种虚假因果谬误的隐蔽性要更强一些。

电竞狂热爱好者小王每到周末便宅在宿舍中打游戏。某个周日的下午，小王如往常一样在宿舍打游戏。激战正酣之时，宿舍的门突然打开，小朱从外面冲了进来。刚从图书馆回来的他准备换上球衣去参加社团活动。

小王：你这突然进来，让我被人干掉了。

小朱：那是你菜，跟我有什么关系？

小王：你要是不突然进来，我能被人干掉么？

小朱：我是拔你网线了，还是动你鼠标了？

小王：你突然进来吓了我一跳，影响我操作了。

小朱：别找借口，菜就是菜，想让我给你带饭就直说。

小王：作为补偿你就给我带份饭吧。

听了小王的话，小朱面带愠色，临出门前，小朱找准机会用力拍了一下小王的后背，小王又一次被人干掉了。

在上面的故事中，小王的逻辑显然是有问题的，“舍友突然进来”和“自己输掉游戏”这两件事虽然存在相关性，但却并不存在必然的因果关系。倒是后面“小朱用拍打小王后背”和“小王输掉游戏”这两件事之间存在着一定的因果联系。

与前面提到的“不干了这杯酒就不把我当朋友”的论断不一样，“你突然进来，害我输掉了游戏”这一论断中的两个事件存在一定的相关性。正如小王所说，小朱突然进来吓到了自己，这是让两件事产生关联的主要因素，但这一因素能起到的也只是让两件事产生关联的作用，并不一定能让两件事产生因果关系。

这种相关性的存在，增加了我们判断这种论断真假的难度。对于这一类虚假因果谬误，关键点还是在于拆解对方的逻辑论证结构，并着重分析其中各条件要素的因果关系，无论各要素是否存在相关性，只要发现对方强行建立因果的情况，就可以确定其论断为一种虚假因果谬误。

4.“后退这么多名，就是因为天天玩手机”

从小学到初中，笑笑的成绩始终排在年级前三。每次学校召开家长会，笑笑都是老师的重点表扬对象，这让笑笑妈妈倍感骄傲。

升到高中后，由于要上网课找资料，妈妈给笑笑买了一部智能手机。拥有自己的手机之后，笑笑每天吃完饭后就回到自己的房间玩手机，这让笑笑妈妈十分焦虑。

高一第一次大型考试，笑笑的成绩出现了明显下降，年级排名比入学时后退了几十名。看着笑笑的成绩单，妈妈又上火又生气，指着笑笑说道：“你这孩子，就不该给你买手机，后退了这么多名，就是因为天天玩手机。这回你要是再天天玩手机，看我不砸了它！”

面对妈妈的训斥，笑笑面无表情，一言不发地走回了自己的房间。

孩子沉迷手机无法自拔，导致学习成绩下降的事例，在日常生活中可以说是屡见不鲜了。对于家长来说，这是个麻烦又不好解决的问题，不给孩子用手机不好，给孩子用手机更不好。面对这种两难困境，家长似乎只能用“再天天玩手机，我就把它砸了！”一样的话语来告诫孩子，别天天玩手机，影响了学习成绩。

“后退了这么多名，就是因为天天玩手机”，结合故事背景，笑笑妈妈的这种论断有一定的道理。天天玩手机确实影响了笑笑的学习成绩。但笑笑学习成绩的下降，真的就是因为天天玩手机吗？

关于这一点，故事中似乎并没有介绍更多内容，但结合日常生活中的同类事件可以知道，“天天玩手机”其实并不是影响孩子学习成绩的唯一原因。

小升初，初升高，学习阶段的更替会对孩子的内在心理和学习能力带来极大考验。上初中时，孩子成绩很好，总是名列前茅，但到了高中后却接连后退，这种情况并不鲜见。

导致这种情况出现的原因并不是单一的，可能是孩子沉迷手机，也可能是孩子对在某些课程的学习上遇到了困难，还可能是孩子没法接受老师的讲课方法……原因是多种多样的。

如此来看，上面故事中笑笑妈妈的论述就显得很有问题了。事实上，“后退了这么多名，就是因为天天玩手机”这种论断，是一种典型的简单归因谬误，即事件发生的原因是复杂多样的，论述者却将其简单归结在其中某一个方面。

笑笑妈妈将孩子成绩下降的原因定位在“天天玩手机”这一点上，显然是不妥的。虽然这一原因可能是主因，但如果不把其他原因都找全，而单纯在这一点上要求孩子改正，大多时候都很难取得预期效果。

在上面故事中，笑笑沉迷手机是事实，也是导致她成绩下降的一个原因，其他可能还有“老师讲课没意思”“同学关系出了问题”“这次考试状态不好”这些原因，也在影响笑笑的成绩。如果笑笑妈妈只依据自己的论断，去纠正笑笑沉迷手机的行为，显然是治标不治本的。

在日常生活中，当我们在面对某些问题时，寻找到问题产生的原因，是解决问题的关键步骤。简单归因谬误的主要问题在于没有全面分析事件发生的原因，按照这种思维逻辑去思考，显然是没办法将事情解决好的。

农村出来的年轻人在大城市闯荡，一开始便四处碰壁是很正常的事情。如果想要在外面混得好，就要从各方面提升自己的能力，整天想着是自己家里条件不好、没关系、没人脉，并不能解决自己当前所面对的问题。

将这种想法当成遭遇困境时的一种自我调侃，是可以理解的，但如果将其作为自己不努力、不奋斗的原因，那就是说不通的。

这样的例子还有很多，女朋友和自己提分手，虽然对方说了诸多理由，但自己却认为女朋友只是嫌贫爱富。如果这是女朋友与自己分手的唯一原因，那重新再找一个女朋友就可以了，但如果重新找到女朋友没多久又分手了，再以这种单因去分析自己分手这件事就很有问题了。因为继续如此，你可能很快还会再次分手。

某些“成功学大师”在宣讲自己的成功学秘籍时，不论台下坐着的听众是什么认知水平、什么个人素养，都一以贯之地向大家推荐自己的成功方法。且不说“大师”的方法是否有用，即使真的有效，那也只是帮助人们成功的一个因素而已，妄图靠某一种方法或经验就取得成功，本就是一件不合逻辑的事情。

简单归因谬误并不是简单的考虑问题不周全，而是将某个单一原因当作复杂事件的原因。很多时候，使用这种谬误的人并不是为了达成某种预期目的，他们是在分析问题，试图去解决问题，并且自认为找到了解决问题的关键，但很多时候，他们只是抓到了问题的皮毛而已。

在应对这种谬误时，只要在论述者提出的原因外，再指出一些其他原因即可。同时，在分析问题、解决问题时，我们还要时刻告诫自己，要尽可能考虑全面，防止出现简单归因谬误。

“套路”八：用看似合理的论断证明结论

如果一个结论所依赖的前提与它本身并不存在真实关联，这个论证就犯了相干性谬误。这类谬误并不会一上来就让人觉得前提和结论毫无关联，很多时候，其会给人一种“听起来很有道理，但又总觉得哪里不对”的感觉。如果不多加注意，便很难察觉到这种谬误。

相干性谬误的错误在于违反了推理论证的相关原则，采用与结论无关的前提进行论证，或诉诸理由无法得出可靠结论，是这类谬误的两种典型表现。

前面提到的虚假因果谬误便是一种无关前提的论证，是相干性谬误的一种主要情况，人们更常称之为“不合逻辑的推理”。诉诸不当谬误是相干性谬误的另一种情况，这类谬误的前提看似对结论存在一定影响，但实际上却对得出结论并没有什么帮助。

在诉诸不当谬误中，又有许多细分的谬误类型，诉诸情感谬误、诉诸权威谬误、诉诸假象谬误、诉诸自利谬误……这些谬误的共同特征都是用与结论无关的因素作为论据，来支撑最后的结论。那些“听起来很有道理，但又觉得哪里不对”的论证，有很多都是这种诉诸不当的谬误。

“冠特军”营养早餐麦片，冠军的早餐，帮你开启健美生活第一步，保卫你的健康，关爱你的生命，相信我们，相信“冠特军”会给您带来健美的肌肉、苗条的身材……

商业广告中的诉诸情感谬误多得简直数不胜数，广告主们似乎已经将这种谬误运用到了炉火纯青的地步。一款简单的早餐麦片，就可以为你带来健美的肌肉、苗条的身材，就可以让你变成冠军，这并不是产品的实际功效，但却是你的情感需要。

当然，在不违反法律要求的情况下，广告宣传可以有一定的“夸张”，而诉诸情感谬误则是这种“夸张”的典型表现。比如，将豪华轿车与浪漫、自由、驾驭感相关联，将啤酒与激情相关联，将运动饮料与动感、冲劲、胜利相关联。

从广告中来看，这些我们渴望的情感和体验，似乎都能通过特定的商品来获得，但事实却并非如此。

在诉诸情感谬误中，又有许多可以细分的谬误，比如诉诸同情、诉诸嫉妒、诉诸恐惧、诉诸仇恨……只要是能够调动我们注意力的手段，都能为诉诸情感谬误所用。很多时候，我们所作出的各种选择正是被情感谬误所操纵的结果。

与诉诸情感谬误利用人的情感因素不同，诉诸权威谬误利用了人们对权威的盲从心理；诉诸传统谬误利用的是人们对传统的固守；诉诸威胁谬误则属于一种强迫人们接受自身观点的做法……每一种诉诸不当谬误都有其错误的根因，只要找到这一根因，我们就能“对症下药”解决这类谬误。

1.“这可是权威专家说的，你敢不信？”

小唐和小兵这对小伙伴虽然关系很好，但却总是在追星这个问题上针锋相对。两个人都有各自喜欢的明星，这两位明星在各自领域也都取得了非凡成就，一个是歌坛新星，一个是影视红人。按理说这两个明星间并没什么可比性，但小唐和小兵却总是因为两位明星而发生争吵。

小唐与小兵争吵的并不是两位明星谁更受欢迎，而是谁的健康理念更正确。原来，歌坛新星是位素食主义者，每天都在倡导素食养生；而影视红人是个健身达人，提倡减脂增肌。小唐和小兵的争吵便是这两种方式哪种更有利于身体健康。

小唐认为歌坛新星说得更对，因为他的粉丝中有很多都在吃素食，身体也很健康；小兵则认为影视红人说得才对，男人有肌肉才叫健康。就这样，两个人都认为自己家明星更权威，谁也说不服谁。

吃素食养生和减脂增肌并不冲突，小唐和小兵的争论似乎也没什么道理，为什么非要别人认可你的观点呢？这样别人也很累，你在辩论过程中也不会有多轻松，各自遵从自己的观点不更好吗?

遵从自己的观点是没问题，但前提是要搞清楚自己的观点是不是真的没问题。这种表述似乎有些绕口，但其意义并不难理解，我们要知道哪些观点必须是真正值得相信的。如果人生的方向都定错了，怎么能走向成功的终点呢?

“真正值得相信的观点”，这种表述似乎有些抽象，在上面的故事中，小唐和小兵都认为自己家明星的观点是“真正值得相信的”，因为他们有实力、有影响力、有粉丝支持，他们是权威，所以他们的观点是“真正值得相信的”。

但只要将他们的论证稍稍拆解，我们就能发现其中的漏洞所在。歌坛新星是歌坛权威，但在养生界可并不一定是权威；影视红人在影视圈是权威，但在健身领域也并不一定是权威。这便是小唐和小兵论证的漏洞所在，在论述自身结论时，两人都犯了诉诸不当权威的谬误。

诉诸不当权威谬误是指论述者借助某些“权威”来支持自身论证的观点。这些“权威”可能是真正的“权威”，但他们却未必是论证涉及的相关领域的“权威”。他们可能是不明身份的“权威”，也可能是带有特定偏见的“权威”。

“真正的权威”很好理解，他们往往在某些领域拥有相应的知识素养，并且可以不带偏见地诚实地表达意见或做出判断。当得知对方身体不适后，医生可以根据对方的症状，给出权威解答；当对方遇到法律纠纷时，律师会根据法律法规，来帮助对方解决问题……

上面这样的例子很多，也很好理解。但如果有人遇到了法律纠纷，一位医生却要求对方遵循自己的话去解决纠纷，那这个人就要仔细考量一下其中是否存在问题了。当某个领域的权威被安排在他并不擅长的领域时，就很容易发生诉诸不当权威的谬误。

除了这种情况，身份不明的“权威”也是不可靠的，我们都不知道对方是否有资格为论证提供依据，也就没办法确保自己论证的准确性。

带有偏见的“权威”同样不可靠，他虽然是某些领域的权威，但他对论证的话题可能持有固有的偏见。在这种情况下，用这样的“权威”为论证提供论据，显然是不可靠的。

比如，在上面的故事中，小唐为了证明素食养生的正确性，特意找到了一些某位医学专家的观点。这位医学专家在养生领域颇负盛名，但却对非素食主义者极其敌视。如果小唐执意要用这位医学专家的观点支持自己的论证，那也可能发生诉诸不当权威的谬误。

如果某个人在论证过程中，犯了诉诸不当权威谬误，那他相当于为自己的结论找了一个毫无用处的前提。很多时候，这种毫无用处的前提会成为论述者的“软肋”，一旦被对方抓住不放，除非有第三方证据来支撑现有结论，否则论述者的论证就有被推翻的风险。

上面提到的这一点也是应对诉诸不当权威谬误的有效方法，揭露对方“权威”的“真面目”，如果没有新的可信证据，就不要相信对方的论证。

在这种时候，我们千万不能被那些鼎鼎大名的“权威”吓倒。孔子、莎士比亚、爱因斯坦、爱迪生、鲁迅……这些德高望重、才学兼备的人确实是权威，但在跳出他们擅长的领域后，情况就有所不同了。更何况，现在流传的很多话语，其实他们并没有听过。

2.“我是领导，所以你应该听我的”

最近一段时间，小魏的日子很不好过，原以为熬过了第一年职场生活，马上在职场“乘风破浪，展翅翱翔”了，但没想到空降过来的领导给了自己“当头一棒”。

小魏是个颇有主见的人，凭着一年的摸索，掌握了一套自己的高效工作方法，日常工作开展得也是得心应手。但新来的领导却是个传统管理者，不能说他因循守旧，但总喜欢用老方法管理下属。

在汇报工作时，用办公小程序明明效率更高，新领导却偏偏喜欢让小魏手写报告；周末开会虽然也可以用远程办公系统，但新领导就是喜欢大家面对面来聊聊天；最严重的是，在具体工作的处理上，新领导给小魏设置了重重“枷锁”，不让小魏有一点自我发挥的空间。

每当小魏对新领导的工作布置提出意见时，新领导都会以一句“你是领导，我是领导？”予以回击。久而久之，小魏在这种痛苦的熬煎中萌生了辞职的念头。

"我是领导，所以你应该听我的。"这种表述听起来并没什么毛病，在职场中也确实如此，但用逻辑学的尺子来衡量，就可能会出现一些问题。

从逻辑论述结构来看，"我是领导"这一前提，并不能完全支撑"你（下属）应该听我的"这种结论。

前提：我是你的领导。

结论：你（下属）应该听我的。

在这个逻辑论述结构中，明显缺少一个有力前提，来支撑结论。若想让这一逻辑论述成立，需要加入一些特定的前提才行。

前提：我是你的领导。

前提：我的安排是正确的。

结论：你（下属）应该听我的。

在加入"我的安排是正确的"或"我说的是正确的"这种前提后，原有的论述才会成立。在缺少这些前提的情况下，此种论述实际上是一种诉诸威胁（强力）的谬误。

所谓诉诸威胁（强力）的谬误，指的是不提供和结论相关的论据，而是用一些可能招致的不良后果作为威胁，迫使他人接受自己的观点。

判断一种表述是否为诉诸威胁谬误，关键要看论述者在指出不良后果时使用的是威胁的态度，还是告知的态度。

同样是要求下属按照自己的要求去办事，使用“我是领导，所以你应该听我的”这样的表述显然是一种威胁，即“不听领导的话，有什么不良后果你应该清楚”；而使用“你这样做是错的，所以你应该听我的”这样的表述，就淡化了威胁的意味，论述者所秉持的更多是一种告知或告诫的态度。

当然，如果论述者没办法对“你这样做是错的”这一前提做出进一步解释，那这种表述同样也是有问题的，只不过不能将其算入诉诸威胁谬误之中。

在日常生活中，这类诉诸威胁（强力）的谬误很常见，职场中的上下级、校园中的导师与学生、家庭中的父母与孩子，都可能成为谬误的对立双方。

在家庭生活中，父母和子女间的沟通并不总是依靠“讲道理”来完成的，有些父母会选择“用拳头”让孩子听话，而有些父母则喜欢“诉诸威胁”这种方法。比如，在孩子沉迷手机这一问题上，一些懒得讲道理或者讲不通道理，便会以诉诸威胁的方式让孩子接受自己的观点。

“你再玩手机，我就把手机砸了”“你再玩手机，看我不打你”……诸如此类的诉诸威胁表述，大多时候都很难起到作用。如果父母真的想帮助孩子改掉坏习惯，“使用拳头”和“诉诸威胁”都不是好方法，只有“讲道理”才是真正有用的方法。有时间抱怨孩子不听自己的“道理”，父母们倒不如花费更多时间去琢磨琢磨怎么重新给孩子讲好道理。

如果说诉诸不当权威谬误是论述者借助“专家”的威权而“狐假虎威”，那诉诸威胁谬误就是专家使用威权来达成自己的目的。相比于前者，应对这种谬误的困难显然要更大一些。

遭到威胁的往往是处于弱势的一方，这也是诉诸威胁谬误能够发挥作用的一个关键原因。在弱势地位上顶住权威的压力是很难的，很多人在这种时候会选择放弃抵抗，领导让做什么就做什么，不然自己没法承受由此而来的不良后果。

这种迫于无奈的选择不能说完全错误，但如果弱势者能将这种不良后果放在自己漫长的人生中去考量，而不是只局限在现在、眼前、当下，那抵抗可能才是真正合适的选择。当然，在这种时候，选对抵抗的方法要比选择抵抗的态度更为重要。

3.“我都感冒了，你就不能放过我？”

作为同一寝室的舍友，小米与小昊原本相处得很融洽，但最近却因为一些“小事”结下了仇怨。

原来，小昊为了买新手机，在外面借了一笔钱，到了还债日期，却没钱还债，无奈只好找小米周转一下，这一周转便是一年时间。在这一年间，小米只向小昊催要过两次钱款，都被小昊以手头没钱的理由挡掉了。

这天，小米再次向小昊催要钱款，依然得到了小昊“没钱”的回应。这次小米决定追着小昊不放，直到收回钱款为止，谁承想小昊竟然在宿舍大喊大闹起来：“我都感冒了，你就不能放过我吗？就那点破钱，我还你还不成吗？你至于这样吗？”

小昊一番大闹后，小米也不好意思再去催要钱款，就这样，时间一天天过去，小昊似乎又忘记了还钱这件事。

欠债还钱，天经地义，只不过在现代社会中，这种“天经地义”已经被诸多理由所淹没。小昊“手头没钱”的理由似乎可以解释自己欠债不还这件事，但“我都感冒了，你就不能放过我吗？”这种理由却是一种诉诸情感的逻辑谬误。

关于诉诸情感的谬误，前面已经有所提及，在本节的故事中，小昊所犯的诉诸情感谬误，应该算是一种诉诸同情的谬误。

诉诸同情谬误也可被称为诉诸怜悯谬误，是诸多诉诸情感谬误中最为常用的一种。这种谬误主要用别人的同情心来说服对方，在论证过程中往往不会提供其他相关的、重要的论据。

在一些日常情境中，诉诸同情谬误要比其他诉诸情感谬误更容易起到作用。这是因为在一些诉诸同情谬误中，往往会涉及一些隐含的道德原则。在对诉诸同情的论述做出判断前，我们需要从道德的角度加以考量，如果有可靠的道德前提做支撑，那这种诉诸同情的论述便不能算作是一种谬误。

感冒生病的人是值得同情的，如果让其超出工作时间加班，或是强行从事某些可能会加重病情的工作，那便是一种不道德的行为。在这种情况下，诉诸同情便不能算作一种谬误。

但小昊的论述显然缺少可靠的道德前提，或者说，他所论述的结论并不能用“感冒生病的人是弱势者，需要被同情”这种道德原则做论据。感冒生病就不能还钱吗？小昊显然是在利用小米的同情心来掩盖自己论据不足的论述。在这种情况下，诉诸同情就是一种典型的逻辑谬误。

诉诸羞愧是与诉诸同情较为类似的一种诉诸情感谬误，其是指论述者通过控制我们的羞愧情绪，来迫使我们同意其观点。如果不同意他的观点，我们便会由此感到羞愧，当我们感到羞愧时，论述者的目的也就达到了。

路边，一对男女站在车边大声吵架，引得路人纷纷围观。男人双手拎着购物袋默不作声，女人则指着男人的鼻子说道：“结婚没给房、没给车，连开个车门都不会吗？是个正常男人都知道给老婆开车门，你怎么就不知道呢？”

这位女士为老公没给自己开车门找了一个“很好”的论据——结婚没给房、没给车，是个正常男人都知道给老婆开车门。之所以说这个论据“好”，是因为它可以成功引起男人的羞愧之情，如此一来，下次男人应该知道“给老婆开车门”这件事的重要性了。

实际上，在整段论述中，这位女士并没有提供任何可靠证据，来证明“男人要给老婆开车门”这件事。她只是一味地通过让男士感到羞愧，来达成自己的目的。如果这位男士确实因此而羞愧，那她的目的便达到了；但如果男士因此而暴怒起来，吵架就可能会上升为互殴，或者是更为严重的事件。

在面对诉诸同情谬误时，我们需要认可对方的处境值得同情，但同时也要表达出自己不会让这种同情心干扰正常判断。感冒是值得同情,但小米和小昊谈的是“欠债还钱”的问题,这并不是一回事。

理性是应对诉诸情感谬误的有效方法，控制好自己的情绪在这种时候显得尤为重要。不要让那些善于使用情绪控制的论述者影响我们的判断，除非他们可以拿出更为重要、更具相关性的论据来支持自己的结论。

4.“你又买不起，你说的话谁信？”

办公室中的一群小姐妹正在讨论时下最流行的包包品牌。“百事通”小范始终掌控着聊天的节奏，无论谁提到哪个品牌的包包，她都能如数家珍地介绍一番。

小范家有钱有产，小范本人也见多识广，大家对她的介绍也颇为信服，但当说到某品牌的包包时，一直默不作声的小琴突然打断了小范的发言。对于这款包包，小琴的观点与小范截然相反，看着两人针锋相对，其他人都不敢插话。

不顾小范的反对，小琴开始慢慢分析这款包包的品质、价位，说得有理有据，细致入微，这让小范颇为恼火。没等小琴说完，小范插话道："你又买不起这款包，你说的话谁信？"面对小范的质疑，小琴未做解释，只是在轻蔑的一瞥后，离开了人群。

对一个话题，究竟了解到何种程度，才算有发言权？这并不是一个容易界定的问题，但"买不起品牌包，就没资格谈论"这种论述显然是不正确的。在逻辑学中，这种论述是典型的诉诸人身的谬误。

诉诸人身的谬误在逻辑谬误中很有名，一方面是因其使用门槛低，另一方面是因为在使用后很容易产生效果。如果"解决不了对方的论证（推翻对方论证），那解决提出论证的这个人"就好了，这可以看作对诉诸人身谬误的一种有趣解释。

诉诸人身的谬误并不是一种谬误，而是一类谬误的总称，其主要包括人格人身攻击谬误、处境人身攻击谬误，以及诉诸虚伪谬误。

人格人身攻击谬误主要通过诋毁对方的才智、人品、性格，来否定对方论题。比如，某个人曾经犯过诈骗罪，所以说的话就不可信，这种论断便是一种典型的人格人身攻击谬误。

在日常生活中，我们可以根据某人身上的特征，或是他曾经从事过的行为，来选择相信或者不相信他的论断。但在推理判断中，我们是否相信对方的论断，并不能以此作为证明此人论断真假的前提。

一个论断之所以正确，是因为其符合事实，跟论述者本身没有

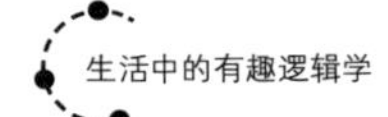

什么关系，所以我们不能用人格人身攻击的方法来否定对方论断的正确性。

处境人身攻击谬误通过指明某个人身处于某种利益关系中，他的论断可能受到这些利益关系的影响，以否定对方论题。但很多时候，这种利益关系往往是论述者自己所假设，或者是与论证毫无逻辑关联的。

在上面的故事中，小范提到了“你（小琴）又买不起这款包”便是对小琴处境的强调，她想以此证明小琴的论断是错误的，但实际上，她的论断才是错误的。这与“富人都花钱如流水”“穷人都见钱眼开”所犯的错误是一样的，都是在拿对方的处境进行人身攻击。

诉诸虚伪谬误通过不正面回应对方论证，而以批评的方式作为自己的回复，来否定对方论题。这种谬误可以简化为“你也是这样，所以没资格说我”“你也做了这事，所以没资格说我”，比如，“你也抽烟，所以你没资格跟我说抽烟伤身”“你也喝酒，所以你没资格说喝酒误事”。

在论辩过程中，指出对方言行不一、自相矛盾没有问题，但这并不能作为证明对方论证错误的前提。想要证明对方论证的不合理性，我们还需要找到一些更充分的证据和理由才行，不然对方一句“我就是抽烟伤身了，所以才叫你不要抽烟”便会让我们无话可说。

日常生活中的情况往往是复杂的，对于诉诸人身这种论证方法，也不能全认为是错的。比如，某个人有虐待孩子的经历，那她便不适合做幼儿园老师；某个人曾装病骗捐，那就不应该再给他捐款……并不是所有的诉诸人身论证，都是错误的，这一点也需要我们在日常生活中多加留意。

在应对诉诸人身的谬误时，我们需要保持冷静，认真分析对方所表达的意思，不要一遇到可能的人身攻击，就怒火中烧，对方可能只是没有表达清楚自己的意思。但如果确定了对方的诉诸人身意图，那就要明确指出对方的问题，戳破对方的错误逻辑。

第八章　拿来就用的逻辑方法，帮你解决生活难题

演绎推理，像福尔摩斯一样分析生活中的问题

这位先生具有医务工作者的风度，但又具有军人气概，很显然，他是一名军医。

他的脸色黝黑，从他手腕处皮肤黑白分明可以看出，这并不是他原来的肤色，他是刚从热带回来的。

他面容憔悴，手臂动作略显僵硬，这清楚地说明他左臂曾受过伤，现在又是久病初愈。

一个英国的军医在热带地区历尽艰险，并且手臂还曾负过伤，这种事会发生在什么地方呢？很显然，只有在阿富汗会发生这种情况。

仅仅只看了一眼，福尔摩斯就断定华生医生是从阿富汗回来的，虽然在解释这件事时用了一些时间，但这种思维判断在福尔摩斯头脑中形成，却只用了不到一秒钟时间。

为了小说的戏剧化效果，为福尔摩斯赋予这种特殊能力似乎也没什么不妥。但事实上，福尔摩斯所拥有的这种能力并不特殊，至少对于那些熟稔逻辑学的专家来说，这种能力并不像小说中那般神奇。

一个逻辑学家不需要亲眼见过或亲耳听过大西洋或尼加拉瀑布，他能从一滴水上推测出其有可能存在。生活就是一条巨大的链条，只要见到其中一环，整个链条的情况就可以推算出来。

这正是逻辑学中的演绎法，其是一种由“因”到“果”，从一般推导出特殊的思维方式。逻辑学家正是依靠这种方法推导出生活中那些环环相扣的事件，福尔摩斯也是利用这种方法才推断出“华生医生是从阿富汗回来”这一结论的。

因：华生具有医务工作者的风度，又具有军人气概。

果：他是一名军医。

因：他脸色黝黑，但手腕处皮肤黑白分明。

果：他是从热带回来的。

因：他面容憔悴，手臂动作僵硬。

果：他左臂曾经受过伤，而且这段时间没少折腾。

上面所罗列的正是福尔摩斯运用演绎法对华生医生做出的判断，每一个原因都推导出一个结果，所有的结果合在一起，又成为“华生医生是从阿富汗回来的”这一结果的原因。通过一系列演绎推导，福尔摩斯便得出了对于华生医生身份信息的判断。

这种思维方法看上去很神奇，但在生活中的运用还是较为普遍的。比如，放学后晚回家的孩子大多会被父母追问去做了什么，“是不是去网吧玩了？”“是不是去池塘抓鱼了？”“是不是去逛商场了？”为什么父母会问出这些问题呢？这是因为父母使用了演绎推理的思维方法。

但很显然，父母的演绎推理方法与福尔摩斯有些不同，父母们并没有指出原因，而是直接给出了结果，这多少让人没办法理解。其实只要将故事场景再细化一些，我们便可以发现父母话语中省略掉的原因了。

晚上 8 点整，小明悄声开门进入房间，小明的父母正端坐在客厅等小明。看到小明后，小明妈妈发现孩子身上满是泥污，手中还攥着一条奄奄一息的小鱼，生气地说道：“你是不是又跟小王去池塘抓鱼了，你上次怎么跟我保证的？我看你是肉皮又痒痒了……”

第二天晚上 7 点，小明再次悄声开门进入房间，这一次父母直接堵在了门口。看到小明后，小明妈妈发现孩子穿得很整洁，手里还拎着一个购物袋，又有些生气地说道：“你这次又去干吗了？跟小王逛街去了？我不是跟你说过不让你再跟她玩了吗？你是不是……”

在将故事补充完整后可以发现，小明妈妈得出小明去池塘抓鱼的结果，是因为他满身泥污，手里还攥着一条鱼；而得出小明去逛商场的结果，则是因为他手里拎着一个购物袋，正是这两点原因帮助小明的妈妈推导出了两种不同的结果。

演绎法中的这种“因果关系”也是一种“前提与结论”的关系，只要前提是有效的、可靠的、真的，那结论就是有效的、可靠的、真的。

一般来说，一个演绎论证中，并不只有一个前提，如果想要让自己的推论变得无懈可击，我们还需要了解一下演绎法中“三段论”的内容。这是演绎法中最为核心的一种思维方式。

“三段论”又被称为直言三段论，其由直言命题构成，是由包含一个共同项的两个直言命题推出一个新的直言命题的推理。其不仅是逻辑演绎法中的重要内容，更是语言交际中广泛使用的推理方式。

大前提：革命先烈都应该受到尊重。

小前提：董存瑞是革命先烈。

结论：董存瑞是应该受到尊重的。

上面所列便是一个标准的直言三段论，**结论中的主项（董存瑞）为小项，谓项（应该受到尊重）为大项，两个前提中共有的项（革命先烈）为中项。含有大项的前提条件被称为大前提，含有小项的前提条件则被称为小前提。**

可以看出，将例子中的大小前提结合在一起，便可以推导出最后的结论。也就是说，只要我们掌握了事件的大小前提，便能够推导出事件的最终结论。福尔摩斯在断案中所应用的正是这种推理方法，通过确立事件前提的正确性，最终推导出真实性较高的结论。这种推理过程在我们的生活中也是颇为常见的。

以上面小明的故事为例，通过分析拆解，我们可以列出这样的因果关系：

因：小明满身泥污，手里还攥着一条鱼。

果：小明放学后去池塘抓鱼了。

因：小明手里拎着一个购物袋。

果：小明放学后去逛商场了。

这种简单的因果关系似乎并不那么牢靠，下面我们将其改变成“三段论”模式：

大前提：小明喜欢放学后去池塘抓鱼，并且总是弄得满身泥污。

小前提：小明满身泥污，手里还攥着一条鱼。

结论：小明放学后去池塘抓鱼了。

大前提：小明放学后喜欢去逛商场，经常会拎着购物袋回来。

小前提：小明手里拎着一个购物袋。

结论：小明放学后去逛商场了。

通过上面这种调整，小明妈妈的结论就显得更为可靠了。之所以在故事中没有提及大前提的内容，是因为这些内容是小明妈妈所熟知的，其作为一种“知识储备”留存在小明妈妈的记忆中。她知道自己的孩子喜欢去池塘捉鱼，喜欢去逛商场购物，所以看到小明满身泥污时就知道他是去池塘抓鱼了；看到小明拎着购物袋时，就知道小明是去商场了。

很多时候，在推理判断时，大前提往往都作为一种“知识储备”而存在。福尔摩斯之所以能够通过简单的细节判断出华生医生是从阿富汗归来的，正是依靠于这种“知识储备”：

大前提：军医身上既有军人气概，又有医务工作者的作风。

小前提：华生医生身上有军人气概，又有医务工作者的作风。

结论：华生医生是一名军医。

如果福尔摩斯不具备这种“知识储备”，他并不知道“军医身上既有军人气概，又有医务工作者的作风”这件事，那他就很难推导出“华生医生是一名军医”这件事。

为了尽可能丰富自己的“知识储备”，福尔摩斯曾花费许多时间进行各类研究，比如他曾专门花时间研究了 140 种各类别的烟灰，并且由此创作了一本《论各种烟灰的辨认》的专著。正是基于这种“知识积累”，福尔摩斯在看到屋子中的烟灰时，自然便推理出其为印度雪茄烟的烟灰。

只要我们拥有足够多的“知识储备”，仔细观察事件推理中的前提条件，便可以得到足够准确的结论。只要掌握了逻辑演绎法，我们每个人便都能像福尔摩斯那样，通过蛛丝马迹推断出事件背后的真相。

归纳推理，帮你认识更多生活的真相

在很久以前，一位游历四方的老者对众人说：“我云游四方，见到过许多只乌鸦，它们有大有小，模样也千奇百怪，但无一例外，它们都是黑色的，所以，我断定世界上所有的乌鸦都是黑色的。”

听了老者的话，人们也开始认真观察身边的乌鸦，他们发现自己所看到的乌鸦确实如老者所说，虽然形态各异，但颜色的确都是黑色的。每一个看到黑色乌鸦的人都认为老者的论断是正确的，一时间“世界上的乌鸦都是黑色的”这种说法广泛流传开来。

世界上的乌鸦都是黑色的吗？显然，从现代科学发现角度来讲，这种结论并不准确，至少在非洲的坦桑尼亚，就有三种并非全黑的乌鸦。那人们为何会得出“世界上的乌鸦都是黑色的”这一结论呢？

从故事中可以发现，这一结论最初是老者提出来的。他云游四方，见过了各个地方的乌鸦，他可能还专门研究过乌鸦颜色的问题。

在观察了成百上千只不同地区的乌鸦后，他得出了“世界上的乌鸦都是黑色的”这一结论。在这一过程中，老者所运用的是一种逻辑归纳的方法。

在听到老者的话之后，人们也开始观察身边的乌鸦。他们每个人可能都观察了数十只乌鸦，如此下来，所有人可能观察了成千上万只乌鸦，最后发现这些乌鸦真的都是黑色的。由此，“世界上的乌鸦都是黑色的”这一结论便流传开来。这些人所运用的也是一种逻辑归纳的方法。

逻辑归纳法又被称为归纳逻辑或归纳推理，是人们在认识事物过程中经常会使用到的一种思维方法，也是一种由特殊到一般的推理过程。其是指人们以一系列经验事物或知识素材作为依据，寻找出其服从的基本规律和共同规律，并假设同类事物中的其他事物也服从这些规律，从而将这些规律作为预测同类事物的其他事物的基本原理的一种认知方法。

在上述故事中，人们通过自己观察乌鸦的颜色来积累信息，发现所有被观察的乌鸦都是黑色的，从而得出“世界上所有的乌鸦都是黑色”的这一结论，这个过程便是归纳推理的过程。

现在我们知道世界上的乌鸦并非都是黑色的，返回到故事中，这种归纳推理的结论显然是错误的。那这种归纳推理的逻辑思维方法还有什么意义呢？

苏格兰哲学家休谟认为，所有的科学论断都来自经验的归纳。

十七世纪的欧洲人普遍认为天鹅都是白色的，这是因为他们目之所及的天鹅确实都是白色的，没有人看到过其他颜色的天鹅。每个人每天看到的天鹅都是白色的，久而久之，这种观察形成了一个稳固的经验论断：所有的天鹅都是白色的。

但在休谟看来，这种“所有天鹅都是白色的”的论断是无法得到验证的，因为我们没办法把世界上的天鹅都找到，而且都确定它们是白色的。出于这种判断，休谟指出，所有的经验归纳都是由有限推导无限，由已知推导未知，根本没办法确保我们从中获得普遍必然的知识。

现在“所有的天鹅都是白的”这个论断已经被否定，因为人们发现了黑色的天鹅。这与人类发现白色乌鸦是一样的，都证明了归纳推理的某些缺陷：我们没办法穷尽所有可能，来证明论断的正确性。

一个更好的例子是对人类家园的判断，“在太阳系中没有比地球更适合人类生存的星球”，这一结论以人类太空探索多年的实践经验为依据，至少从现在来看，人类还没有发现其他比地球更适合生存的星球。但这是否意味着太阳系中真没有比地球更适合人类生存的星球呢？很显然是不确定的，因为人类的太空探索还在继续，一切都是未知。我们没办法穷尽所有可能，来论证这一结论，所以这一归纳推理的结论是站不住脚的。

现在再回到归纳推理的逻辑思维方法有什么意义这个问题上，

既然归纳推理存在固有缺陷，我们为什么还要将其作为一种重要的逻辑思维方法呢？这是因为**在我们的生活中，除了那些无法穷尽所有可能的事件，还有许多可以穷尽可能的事件，运用归纳推理逻辑去分析这些事件，会让我们更容易接近事件的真相。**

我们在生活中的许多知识和技能，一开始都是来自归纳推理，当这些归纳推理论断被证明是正确的之后，便成了人类生活的常识。

比如,“油锅着火后不能用水浇灭”这一常识最初只是一种论断。可能是某个物理学家提出了这一论断，也可能是某个普通人在生活实践中发现了这件事，在他们之后，越来越多的人通过实践认识并确认了这一论断。最终，通过归纳推理，这一论断变成了我们日常生活中的一个常识。

光了解这些通过归纳推理形成的常识，对我们并没有太多用处，如果想要更好地解决生活中的各类问题，我们还需要掌握一些归纳推理的具体方法。

下面简单列举几种常用的归纳推理方法，了解这几种归纳推理方法，对于提高我们的逻辑思维能力会有很大帮助。

1. 求同归纳法

基础定义：求同归纳法指的是将出现同一现象的几种场合进行分析比较，在各种场合中，如果有一个相同条件，那这个条件就是在各个场合都出现这个现象的原因。

公式表达：假如 A、B、C 事件中都发生了 D 现象，那么 A、B、C 事件中的共同点 P，就可能是导致 D 现象发生的原因。

生活实例：小王、小李、小赵在午餐后都拉肚子了，经过调查发现，他们三个在午餐时吃了同一份麻辣香锅。根据求同归纳法推理可以得出，这份麻辣香锅是存在问题的，其很可能是导致三人拉肚子的主要原因。

2. 求异归纳法

基础定义：求异归纳法指的是某种现象在一个场合出现，而在另一个场合不出现，并且这两个场合只有一个条件不同，那这个条件就很可能是出现这种现象的原因。

公式表达：假设事件A和事件B仅存在一个差异点P，且在事件A中出现了D现象，而事件B中未出现D现象，那差异点P很可能是导致D现象出现的原因。

生活实例：幼儿园为小朋友们提供了午餐A和午餐B两种选择，二者的差异在于午餐A中的饮品是鲜牛奶，而午餐B中的饮品是蔬菜汁。结果，吃过午餐后，选择午餐A的小朋友都出现了腹泻的情况，而选择午餐B的小朋友却没有这种情况。根据求异归纳法推理可以得出，午餐A中的鲜牛奶是存在问题的，其很可能是导致小朋友腹泻的主要原因。

3. 求同求异归纳法

基础定义：求同求异归纳法指的是某种现象在某个环境的多种事件中都有发生，而在相反的环境中，这种现象在多种事件中却都没发生，那这两种环境的差异，就是导致这种现象发生的原因。

公式表达：在环境M中，A、B事件中都出现了D现象；而在环境 W 中，A、B 事件中都没有发生 D 现象，那么环境 M 与环境 W 之间的差异点 P，就是导致 D 现象出现的主要原因。

生活实例：某市一所高三学校取消了学生的晚自习，结果发现学生们的成绩反而提高了一些。此后，该市的另外几所学校也取消了学生的晚自习，发现学生们的成绩同样提高了一些。根据求同归纳法可以得出，取消晚自习对提高学生成绩有帮助。

接下来转变调查方向，去看一看该市那些没有取消晚自习的学校学生成绩有何变化。通过调查分析发现，没有取消晚自习的学校，学生成绩并没有明显变化。由此根据求异归纳法可以得出，取消晚自习对于提高学生成绩确实有一定帮助。

4. 剩余归纳法

基础定义：剩余归纳法指的是如果某种原因只能解释某种现象的一部分表现，那就说明还存在一些其他原因，可以解释这种现象的其他部分表现。

公式表达：假如原因 A 只能解释现象 B 的一方面表现，那一定还存在原因 M 或原因 N，可以解释现象 B 的其他方面表现。

生活实例：居里夫人发现元素“镭”时，就运用了这种剩余归纳法。当她发现一定量的沥青铀矿所发出的射线要比其中纯铀所放出的放射线强度强得多时，她便通过剩余归纳法断定，在沥青铀矿中一定还含有其他放射性较强的元素。就是出于这种判断，通过艰难探索研究，居里夫人最终发现了“镭”元素。

我们应该充分重视居里夫人发现“镭”元素的故事，这正是归纳推理这种逻辑思维方法的价值所在。如果居里夫人仅停留在用归纳推理方法,判断出沥青铀矿中还有其他元素,那她便无法发现“镭”元素。

同样，如果在求同归纳法的“生活实例”中，我们不去检查那份麻辣香锅是否真的有质量问题，那归纳推理也是无意义的。它的结论没有被事实证明，便没办法作为一种“普遍必然的知识”。多归纳、多实践，才能体现出归纳推理方法的真正价值。

假设推理，大胆假设，巧解难题

看上去逻辑完全不通的一段故事,只要为其加上一个恰当的“假设”，理解起来就会显得逻辑顺畅许多。

这种通过假设一个前提条件，去论证一个结论的方法，就是逻辑学中的假设法。**其是根据一定的事实材料和理论知识，对目标对象未知的性质、原因、规律做出的某种推测性阐释。**借助这种方法，我们的整个逻辑推理就会更加严谨,推理的结论也会更具有说服力。

这种假设推理在生活中应用非常普遍，比如，今天下起了暴雪，假设明天暴雪不停，那高速公路就可能会封路，我们可能就要取消或调整出行计划。在这一应用外，运用假设推理来解决生活中的实际问题，才是这一思维方法的真正价值所在。

在日常生活中，大多数人都遇到过电脑无法开机的问题，这种时候，有的人会选择直接将电脑送到修理店，也有的人会选择自己查找故障进行维修，无论是选择哪种修理方法，都需要应用假设推理这种思维。

电脑无法开机是一种已经出现的结论，在不知道什么原因导致电脑无法开机的情况下，我们只能运用假设推理的方法，逐一假设是某个硬件出现了故障，然后再着手去修理电脑。

假设是独立显卡出现了问题，那将独立显卡连接线拔掉，并连接到集成显卡上，开机测试。如果依然无法开机，那“独立显卡故障”这个假设便是不成立的，故障并不在独立显卡上。

假设是内存条接触部位出了问题，那拔下内存条，用橡皮擦拭接触部分，而后将其插入电脑中，开机测试。如果依然无法开机，那“内存条接触不良”这个假设便也不成立，故障并非内存条接触不良所致。

假设是电源出了问题，那便要更换新的电源，开机测试。如果依然无法开机，那这一假设也不成立，故障不是电源损坏所致。

由此一步一步假设、验证，在排除了各种假设后，我们便会找到电脑无法正常开机的主要原因。

在日常生活中进行假设推理时，需要按照一定的步骤，循序渐进地展开。

充分分析问题是假设的基础，很多时候，一些问题经过缜密分析就能直接得出结论，这时候也就不必运用假设推理了。

一次只针对一种情况做出假设，可以让解决问题的流程变得更为简化。在解决问题的过程中，如果一次性需要验证多种假设的，很可能会将问题复杂化，进而影响到假设推理的准确性。

正确而严谨的假设推理流程，应该是在某个假设得到验证后，在有必要的前提下，继续进行新的假设。验证一个假设后，再提出新的假设，在完成新假设的验证后，再提出新的假设，这种“大胆地假设，小心地求证”的方法，会更好地帮助我们接近问题的真相。

在《巴斯克维尔的猎犬》这一案件中，福尔摩斯在分析信件上的文字时，便运用到了假设推理的方法。

您可以看到，那些字并不是整齐地排成一条线的，有些字明显要比其他字高很多，比如说“生命”这个词，它的位置就很奇怪。这种情况可能是因为剪贴的人粗心、激动或是慌张，总的来说，我是比较倾向于后一种想法的。

这件事显然是很重要的，撰写这样一封信的人，怎么想也不会是个粗心大意的人。可如果他是慌张的话，那就有一个新的问题值得我们注意：为什么他要慌张？因为在清早寄出的任何信件，在他离开旅馆之前都会被送到亨利爵士的手中。

可如果写信的人是怕被别人撞见，那他又是怕被谁撞见呢？

福尔摩斯在上面这段论述中，接连提出了多种假设。

假设前提：撰写信件的人写信时可能粗心、激动或慌张。

结论：信件上的字高低错落，并不整齐。

假设前提：撰写信件的人在清早寄出任何信件，都会在他离开旅馆前被送到爵士手中。

结论：撰写信件的人怕被别人撞见。

通过对最初可见结论（信件上字迹不规整）的分析，福尔摩斯开始了自己的假设推理思考：从字迹的不规整，推理出写信之人的情绪；从写信之人的情绪，又推断出写信之人的心理；从写信之人的心理，逐渐推理出事件的真相。在不断假设、不断验证之后，福尔摩斯发现了事件的最终真相。

可以看到，假设推理作为一种重要的推理方法，在面对一些找不到线索的事件或问题时，通常会起到很好的效果。只要我们能够提出有理有据的假设，并完成推理验证过程，很多没有头绪的生活难题就会顺利得到解决。

类比推理，万物共生，触类旁通

逻辑学中的类比推理主要是根据两类事物具有的若干相同属性，推断出它们另一属性也相同的一种推理方法。其具体的逻辑形式可以表示如下。

前提：事物A具有a、b、c、d属性

前提：事物B具有a、b、c属性

结论：事物B也具有d属性

地上的电流也会发光，也可以快速移动，能电死动物和人，让柴草燃烧，同时还可以在导线中传导；天上的闪电会发光，可以快速移动，能电死动物和人，让柴草燃烧；由此可以推断出，天上的闪电也可以通过导线传导。

上面这段表述正是应用了类比推理的方法，由天上闪电和地上电流在属性上的相似，推导出“闪电可以通过导线传导”这一结论。

这一结论显然是正确的，并且已经通过科学实验得到了证明。那我们是不是可以据此认为通过类比推理得出的结论必然都是正确的呢？很遗憾，类比推理是一种或然性推理，它的结论并不都是必然正确的。

地球是太阳系中的一颗行星，自转的同时绕太阳公转，是球体，周围有大气层，有水分，温度适中，其上有人类生存；火星也是太阳系中的一颗行星，自转的同时绕太阳公转，是球体，周围有大气层，有水分，温度适中；由此可以推断出，火星上也有人类存在。

火星上有人类存在？当然是错误的。这也就是说上面这个类比推理结论是存在问题的。

客观事物具有多种属性，这些属性之间往往都存在一定的关联。如果事物A的a、b、c属性与d属性关联很紧密，另一个事物B恰好也具有a、b、c这三种属性，那事物B就很有可能也具有d属性，但这只是一种可能性，而并不具有必然性。

逻辑学中的类比推理需要有客观依据，不能机械式地生硬类比，这也是大多数人在生活中应用类比推理时常犯的一种错误。

机械式地生硬类比指的是只依靠两个或两类事物表面具有的相似或偶然相似的情况进行类比，进而得出荒谬结论的一种类比方法。

在一场“美国是否应该禁枪”辩论中，一位选手说：当一个醉酒司机撞死路人时，我们追究的是这个醉酒司机的责任，而不是他所驾驶的这辆汽车的责任；而当一个人用枪射杀路人时，我们却在追究这把枪的责任。我们此时难道不应该去追究用枪的人，而不是枪本身吗？

这一类比推理听上去似乎有些道理，但其实这就是一个荒谬的机械式生硬类比事例。私人汽车和私人枪支存在一定的相似性，但二者的差异显然要大过这种相似，盲目将二者类比，所得出的结论自然是站不住脚的。

不同事物间一丝一毫的差异性都会影响到类比推理结论的准确性，这也是类比推理只能作为一种推测方法，而不能作为一种论证方法的根本原因所在。

在逻辑上，类比推理提供的是一种或然性结论，而并不是必然性结论。当然，这并不是说类比推理无法在生活中为我们所用，事实上，类比推理在科学研究、探索未知方面始终都发挥着重要作用。

地质学家李四光在考察中亚细亚地质结构时发现，这种地质结构是一种石油结构，拥有这种地质结构的地区往往蕴含着丰富的石油资源。后来，李四光对我国东北地区松辽平原的地质结构进行了深入调查研究，发现这里的地质结构与中亚细亚地区非常相似。

通过类比推理，李四光认为既然中亚细亚地区蕴藏着大量石油，那我国的松辽平原也有可能蕴藏着大量石油。此后，根据李四光的地质力学理论，我国成功在大庆开采出了大量优质石油。

除了助力科学研究发现，类比推理还对一些科技发明产生了重要影响。通过模仿生物的特性和系统结构功能，产生出各式各样的科学技术发明。仿生学可以说是类比推理最典型的应用。青蛙视觉功能与“电子蛙眼”，蝙蝠的超声波与雷达，这些科技发明都开始于类比推理。

在科学领域之外，类比推理在生活中也时刻发挥着作用。在演讲中，相比于那些复杂的“大道理”，听众们更喜欢听一些自己耳熟能详的故事。为此，大多数演讲者在演讲中会用类比推理方法来讲道理。

在一次公益捐助动员大会上，一位演讲者指着台上摆放的鲜花，对着台下发表讲话：

大家都看一看，这盆鲜花之所以如此美丽夺目、芬芳四溢，是因为有优良土地的滋养，有阳光雨露的温润，有鲜花匠人的打理。试想一下，如果失去了这些，它们会变成什么样呢？它们会早早枯萎凋谢，没机会向世界展示自己的美丽与芬芳。

现在，我们这个地区有一些刚满入学年龄的孩子，他们可爱美丽、聪明好学，但却因家庭贫困而无法上学读书。如果没有人伸出援手帮助他们，他们就会像失去肥沃土壤、阳光雨露的鲜花，过早地“凋谢枯萎”。

今天，我们有机会改变这种情况，我们将成为照料他们的“花匠”，我们的一次捐赠将为他们的成长提供“养料”。他们将会因此获得受教育的机会，将会健康快乐地茁壮成长。

上面这段演讲内容很容易打动人，它选择了一种在某些方面已经得到了广泛认可的事物进行类比推理。少年儿童不正是祖国的花朵吗？将二者进行对比，既符合人们的思维习惯，也与演讲主题相契合，大多数时候都会起到较好的效果。

在运用类比推理方法上，我国古代思想家庄子显然要比别人更胜一筹，在《庄子·外物》中便记载着他运用类比思维来讥讽监河侯的故事：

一日，庄子前往监河侯那里借粮。监河侯以先去收封地的税金，而后再借钱为由，拒绝借粮。庄子看出了对方的意思，便没有再提借粮之事，而是为监河侯讲了一个故事。他说自己在来时，看到道路中央的干涸车辙中有一条小鱼，这条小鱼想要庄子给它一点水来救命。

庄子没有拒绝小鱼的请求，但却说要去南方引西江之水来救小鱼的命。听了庄子的话，小鱼生气地回应道："我要一升半斗的水就能活命，你却要我等你去引西江的水。你这样说，那还不如及早到干鱼店里找我！"

在庄子借粮的故事中，庄子编造自己路遇小鱼的故事，正是运用了类比推理的方法，将自己的境遇与小鱼的境遇相类比。监河侯对庄子的态度，正是庄子对小鱼的态度。通过这种方法，庄子表达了自己内心的不悦，也用一种委婉的方法讥讽了监河侯。

逻辑学中的推理思维可以运用到生活中的各个方面，福尔摩斯将其运用到推理断案之中，庄子将其运用到人际交往之中，只要掌握了这些推理思维的原理及实践方法，我们也可以将其运用到生活之中，解决各种复杂难题。

第九章　应用在思考和沟通上的趣味逻辑学

学好逻辑学，让自己变得更聪明

“聪明人考虑起问题来一定很有逻辑”，有这种想法的人，可能有个聪明的头脑，但却不一定拥有逻辑的头脑。严格来说，聪明的头脑与逻辑的头脑算是两回事，但学好逻辑学确实能让人变得聪明伶俐。

在一堂小学数学课上，老师选了三个聪明伶俐的孩子回答“三角形内角和为什么等于 180 度”这一问题。三个孩子给出了并不相同的回答。

小敏：因为老师就是这样讲的呀，课本上也是这么说的。

小皮：对的，同学们都这么说，爸爸妈妈也告诉过我。

小杜：如果我们从三角形的一个角向它的对边做平行线，两条直线平行，内错角就相等。这样三角形的三个角就能凑成一个平角，平角就是 180 度。

听完三个孩子的回答，老师只表扬了小杜，这让小敏和小皮很不高兴。

上面三个小朋友中，小杜的逻辑思路是最清晰的。他用正确的公式定理推导出最后的结论，完全是一种逻辑推理的过程。在他小小的脑袋之中，已经形成了清晰的思维网络，正是因此，他才能在思考之后，清楚地表达出自己的观点。

逻辑学对聪明伶俐的助益，主要表现在思考和表达两个方面。思考问题和表达观点是我们生活中最重要的两项工作，或者说是我们生活中最为重要的两个命题，如果没办法好好思考问题、表达观点，烦恼就会始终围绕在我们身边，麻烦也会不断找到我们。

那些思考能力优秀的人，在遇到问题时，总是能快速找到问题的本质，摸清问题的来龙去脉，将复杂问题变得简单。而那些表达能力优秀的人，则总是能将自己内心的所思所想准确无误地表达出来，其所表达的内容既是对方想要知道的，也是对方能够轻易理解的。

逻辑学为这两种人提供的便是一种逻辑思维能力，学好逻辑学可以帮助我们快速找到问题的本质，提升我们的思考能力；也可以帮助我们在脑海中把问题逻辑梳理清楚，而后再准确表达出来。

女富翁林内特在游船上被杀害，为了查找出真凶，大侦探波洛对游船中的许多游客都进行调查。综合作案动机、时间和手段等各个方面的因素，波洛认定除了“林内特的丈夫赛蒙和赛蒙的旧情人杰基”外，其他每个人都存在作案可能。

在调查过程中，林内特的女仆路易丝和作家奥特伯恩太太也相继被杀，案情变得更为扑朔迷离。为了查清案情，波洛重新整理了自己的思路，他突然想起路易丝在被杀前曾说：“假如我睡不着觉，假如我在甲板上，也许我会看见那个凶手进出太太的客舱。”

虽然路易丝说的是“假如”，但波洛却认真琢磨起这句话来。在他看来，路易丝如果没看到凶手，那她就不敢也不会用“假如”的口吻来说这句话。她说出了这句话，很可能是为了要挟凶手。当说出这些话后，路易丝便遭到了杀害，这说明她一定是见过了凶手。

思维的片段在波洛脑海中一点点串联起来，循着这条思维线索，波洛最终找到了杀害林内特的真正凶手。

大侦探波洛在破案过程中，很好地运用了自己的逻辑思考能力。他所运用的是逻辑学中的假言判断。这是一种复合判断形式，主要表现为断定某一事物情况是另一事物情况的条件，“如果……那么……”是这种思维形式的重要联结作用的词。

波洛根据路易丝被害前所说的话来对案情做出判断，使用到了两个充分条件的假言判断，即“路易丝没看到凶手”是“她不敢也不会用‘假如’的口吻说这句话”的充分条件，“路易丝没有看到凶手”是“她不会被杀”的充分条件。正是依据这两个充分条件的假言判断，波洛才一点点捋清了案件的线索。

逻辑学中的思维理论并不只有“判断”一种,“支持”“解释”“评价”“比较”都是逻辑学中的重要思维理论。掌握这些理论方法,可以让我们在思考时更有逻辑,更能快速发现问题的本质。

小蔡正打算出门去超市买零食,却被妈妈突然叫住。小蔡以为妈妈是想要阻止自己买零食,其实妈妈只是想要小蔡顺带买一些东西,愁眉紧锁的小蔡这才长舒了一口气。

妈妈对小蔡说:“买点牛肉,现在便宜,菠菜也来一些吧,西红柿、土豆也要一些,看看鸡肉多少钱,便宜的话也来一些,再给我买两个苹果,大葱也要来两根,猪肉挑好的买些吧,再给你爸爸带半把香蕉,哦,对了,还有白菜,挑两颗好白菜,其他的应该是没什么了。”

听完妈妈的叙述,小菜再次愁眉紧锁起来,穿到一半的鞋子再也穿不进去,妈妈要买的东西他一样也没记住。

小蔡妈妈要买的东西可能不光小蔡记不住,大多数人应该都记不住。小蔡妈妈的问题并不是买的东西太多,而是逻辑表达太过混乱。

逻辑表达混乱的原因有很多,小蔡妈妈的情况属于没有对所要表达的内容进行归纳分类。这种情况多表现在论述者想要表述多种不同类别内容,但却又未按照具体类别依次表述,这样的表达很难达到预期效果。

在逻辑学中，分类处理复杂问题的方法被称为归纳逻辑。在逻辑推理过程中，当遇到多个前提条件时，将这些前提归纳在一起，更容易推导出一个明确的结论。生活中的很多分类处理方法就是归纳逻辑的实践应用，语言表达就是最常见的一种实践。

如果小蔡妈妈能将自己要购买的商品先在头脑中做好归纳分类，然后再表达出来，小蔡可能就不会愁眉紧锁了。

你需要给我买一些蔬菜、水果和肉回来：蔬菜要买菠菜、土豆、大葱、白菜、西红柿；水果要买苹果、香蕉；肉要买牛肉、猪肉、鸡肉。

这样的表述显然要比前一种表述清晰很多，这就是归纳分类之后的逻辑表达。如果我们想要表达的思想含有多层复杂意思，使用归纳分类方法将这些思想分层归类，然后再一层一层地表达出来。这样既可以防止遗漏内容，也可以让听者更容易理解记忆。

逻辑地思考加上逻辑地表达，这正是逻辑学能够带给我们的助益。当然，逻辑学对生活的助益还远不止于此。在跨入逻辑学的大门后，我们了解得越多，懂得就会越多，生活也就会变得愈发丰富多彩起来。

“两点之间走直线并不是最快的”

两点之间直线的距离长度是最短的，但走直线却可能并不是最快的。这告诉我们：总是用常规思维去思考问题，所得到的或许并不是最优结果。

几位研究人员正在进行小球从斜坡最高点滑落到最低点的实验，他们设计了三条路径，并在每一条路径上都放置了小球。第一条路径是一条直线，连接着斜坡的最高点和最低点；第二条路径为一条曲线，也连接这斜坡的最高点和最低点；第三条路径为垂直下落后再水平向前滚动，同样连接斜坡的最高点和最低点。

三个小球同时从斜坡最高点释放，结果沿着第二条路径滑行的小球最先到达终点，接着才是沿着直线滑行的小球。

两点之间不是直线距离最近吗？为什么不是沿着直线滑行的小球最先到达终点呢？两点之间直线距离最近，就一定是沿着直线滑行的小球先到达终点吗？

在这里，认为直线距离最近，所以走直线最先到达终点的思维就是一种常规思维。这是人们根据已有的知识经验，按照现有的方案去解决问题的一种思维方式。

如果在平地上，几个人按照相同的速度从一点向另一点走，走直线的那个人肯定是最快到达终点的。两点之间直线距离最短，几个人的速度又都相同，根据“时间＝距离 ÷ 速度”便可得出这一结论。

但若将起点和终点设置在不同高度上，那结果就会大为不同了。正如上面的实验研究一样，走曲线的小球竟然比走直线的小球更快到达终点。

这是物理学中关于“最速曲线”问题的研究，上述实验中第二条路径的曲线便是“最速曲线”。这条曲线也是从起点到达终点最快的一条路径，虽然其在距离上要比直线长一些。很显然，这条曲线打破了人们的常规思维。

关于这条曲线，还有一个有趣的现象，也超出了人们的常规思维范畴。将四个不同的小球放在“最速曲线”上的不同位置，同时出发后，这些小球将在同一时刻抵达终点。

如果按照常规思维来判断，肯定是距离终点最近的小球，最先到达终点，但“最速曲线”却再一次打破了人们的常规思维。其实，在日常生活中，很多事情都不能用常规思维来思考，或者说用一些非常规的思维去思考这些事情，可能会获得更好、更优的结论。

在一些无关生命安全的时刻，多运用一些非常规思维是很有必要的。在综艺节目中，辩手和嘉宾们很少会用常规思维去辩论，那样做既没有节目效果，也无法达到驳倒对手的目的。

在辩论过程中，运用发散思维有两方面作用：当我们处于优势时，其能够更好地巩固自身优势，属于一种乘胜追击的思维方法；当我们处于劣势时，其能将辩论范围扩大，在“跑题”过程中，为我们制造反击的机会。

当然，如果在思维发散过程中，不能把所有论据都解释得合情合理，那也容易为对手留下破绽，遭到对手的驳斥。在应用时，还是存在一定的风险的，但这种思维明显是要比常规思维出彩许多。

除了发散思维，逆向思维也是辩论过程中颇为出彩的一种思维方式。综艺节目的辩题经常会有一些明显对一方不利的辩题。在论证这类辩题时，说得越多，越容易露出破绽。在这种情况下，最佳的论证策略是运用逆向思维反驳对方的论据，只要把对方的论据都推翻，那对方的论点也就变成“空中楼阁”了。

辩论中的逆向思维不是完全跟对方对着来，一种常用的逆向思维方法是跳出议题讨论的范围，将原有议题放大或缩小，由此来论证自己的结论。不断运用逆向思维去设置议题，还能更好地掌握辩论的主动权，从气势上便可以先胜一筹。

以逆向思维和发散思维为代表的非常规思维不仅可以在辩论赛中大放异彩，还可以在日常生活中为我们提供一些更为高效的问题解决方法。

在接到新产品宣传任务时，运用发散思维找到更多的宣传渠道；在工作出现失误时，运用逆向思维从结构倒推出产生失误的原因；在遇到复杂问题时，综合运用多种思维归纳类比，将问题拆解……每一种非常规思维都能找到它的用武之地。

“两点之间走直线并不是最快的”，这一结论所要强调的并不是非常规思维有多好，常规思维有多不好。这一结论要向我们传达的是一种思维方式，是应用于思考之中的逻辑思维方式。

当我们思考某个问题时，常规思维是基础，不可缺，但在不足以将问题完美地解决时，非逻辑思维可作为补充，弥补常规思维的不足，与常规思维一起将问题解决完美。这正是本节所要论述的主要论点。

掌握主动权，让对方顺着你的逻辑走

逻辑学理论在沟通中的妙用，主要表现在其可以帮助我们更好地掌握沟通的主动权，让对方顺着我们的逻辑思路，或者说掉入我们设计好的逻辑陷阱之中，这一点在辩论和谈判中的应用非常普遍。

在面试中，小桃以出色的表现赢得了公司老板的认可。到了谈论薪资环节，小桃提出自己的期望薪资是每月 1 万元，老板则提出最多只能给小桃开到 7000 元。显然，双方在薪资方面陷入了僵持，小桃并没有降低期望的意思，老板也没有提高薪资的打算。

这时，老板开口打破了沉默。老板说道："我认为现在给你的薪资是合理的，公司与你同等职位员工的薪资在 5000 元到 7000 元不等，你觉得哪种薪资更适合你？"

小桃稍微犹豫了一下，回复道："7000 元！"

听到小桃的回复，老板略一皱眉，说道："你觉得 6000 元如何？"

小桃坚定地说："我觉得我是完全可以拿 7000 元的！"

对于小桃的坚定，老板无可奈何地说道："好，希望你能真正发挥出自己的能量。"

老板虽然最后显露出无可奈何的表情，但他的心里应该已经乐开了花，原本 1 万元的薪资被自己砍到了 7000 元，员工还觉得是得到了重视，这一套操作确实够高明。那老板到底是如何让小桃将自己的薪资要求从 1 万元降到了 7000 元呢?

在双方僵持期间，老板想到了一套说辞，他先是以"现在给你的薪资是合理的"给出结论；而后又以"同职位员工薪资在 5000 元到 7000 元"来充当结论的依据，即你的工资是同等职位员工中最高的一档，这是对你能力的肯定；最后用"你觉得哪种薪资更适合你"将问题抛给小桃。这是一种选择式提问，而从前面设置下的结论和依据来看，小桃实际上已经没有了选择的余地。

当给出"7000 元"这一回答时，小桃便已经偏离了自己的思维逻辑路径，而走入了老板设置的思维逻辑路径之中。到此时，"薪资只在 5000 元到 7000 元之间"这种思维已经在小桃脑海中固定下来。

到这里，老板已经取得了谈判的全面胜利，但在后续交谈中，他依然试图压低小桃的薪资，并且遭到了小桃的强烈反对。很多人认为老板没必要再心疼这 1000 元钱，事实上，这位老板并不心疼这 1000 元钱，他只是在用这种说辞来强化小桃的思维。等到小桃说出“完全可以拿 7000 元”时，老板才算真正取得了全面胜利。

短短几句对话，其背后竟然有如此多的“猫腻”，这正是逻辑学理论在日常沟通中的运用。通过设计话术，让对方顺着自己的思维逻辑，才更容易掌握沟通的主动权。

小水和小冰是校友，毕业季，两人一同前往一家公司去面试。

在面试中，面试官在询问完两人的基本信息后，只问了“为什么选择这样一份工作？”这一个问题。小水和小冰回答的内容大同小异：

小水：“选择这份工作，是因为贵公司的知名度很高，企业声誉很好，我很向往贵公司的这份工作；我是学这个专业的，岗位很对口，我对这个岗位也很感兴趣；还有我听说咱们这里顶尖人才特别多，我也想多跟他们学习学习，对自己成长也有好处；我对自己未来的规划……”

小冰：“我选择这份工作的原因有三：第一，我对贵公司的岗位很感兴趣，我正好也是学这个专业的，这很符合我未来的职业发展规划；第二，贵公司在行业内的知名度很高，在业内的口碑也很好，能进入这样一家公司作为职业生涯的起点，我很荣幸；第三，贵公司集中了大多数行业内的精英，能够与他们一同工作，可以让我学到更多专业的知识。”

最终，面试官当场宣布，小冰顺利通过了面试，而小水却没有通过面试。

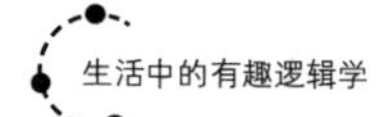

从内容上来看，小水和小冰对同一问题给出的回答基本相同，为何面试官只让小冰通过面试，而没有让小水通过面试呢？

逻辑！二人所给出的回答虽然相同，但二人所表现出来的思维逻辑明显是不同的。前面曾提到，语言表达是思维逻辑的一种外在表现，有什么样的思维逻辑，就会有什么样的语言表达。

分析上面小水和小冰的语言表达，很明显可以看出，小水的思维逻辑完全是散乱的，而小冰的思维逻辑却是异常清晰的。这也正是小冰通过了面试，而小水没有通过面试的原因所在。

在上面这个故事中，小冰之所以胜过了小水，除了其思维逻辑足够清晰外，她所运用的一种沟通方法很值得我们学习。这种方法被称为“三点法”，在沟通中，尤其是在面试中应用得非常普遍。

小冰在面对面试官所提的问题时，并没有将所有选择这份工作的原因都罗列出来，而是只选择了最优的三个原因。为什么不再多说一些原因呢？理由解释得越充分，不是越容易让对方认可吗？

很多人在面试时会掉入一个误区，他们认为自己说得越多，面试官就越能认可自己。但很多时候，事实却恰好相反。

面试者可以用逻辑的语言掌握对话的主动权，但这种状况并不会持续太长时间。一旦面试者说得太多，面试官很可能会从面试者的思维逻辑中跳脱出来，进而去思考面试者思维逻辑中的漏洞。即使面试官依然在顺着面试者的思路去思考，他也很可能忘记面试者在前面说过的话，以至于面试者无论说了多少内容，面试官也只能记住最后几点。

正是基于这种情况，“三点法”才有了用武之地。当回答面试官的问题时，挑选出最优的三个答案，依次叙述。这样面试官便会顺着面试者的思路，从最初思考到最后。如果面试官据此提出追问，那面试者便可以再叙述三点答案，以此来对问题进行补充。

需要注意的是，“三点法”在运用时要注意场合和时间，如果叙述三点内容的时间过长，那就试着缩减一点内容，防止让听者不耐烦，进而跳脱出我们的思维逻辑。并不是每种场合、每个话题都适合使用这种方法来回答，这种方法还是要“活学活用”才行。

通过上面两个故事可以发现，在沟通过程中，无论是面试者，还是面试官，无论处在哪种立场，我们都可以让对方顺着我们的思维逻辑去思考。通过掌握沟通的话语权，我们便可以顺利达成预期目的。

把握对方逻辑，推理出自己想要的结论

要踢好一场足球比赛，赛前战术一定要布置好。如果对方进攻实力没我们强，那选择主动出击用进攻撕开对方防线是一种好的战术；如果对方进攻实力比我们强，那选择防守反击在防守中寻找进攻机会就是一种好的战术。

足球比赛战术的布置除了要看自己的能力，还要看对手的能力，这与沟通中所使用的逻辑学技巧是一样的，“看人下菜碟儿”才能

取得好的效果。

在沟通中，如果对方的思维逻辑不那么清晰，或者说他还没有对某个问题形成有逻辑的思维，那我们可以让他顺着我们的逻辑去思考，掌握沟通的主动权；但如果对方的思维逻辑很清晰，并且对某个问题已经形成了较强的思维逻辑，那我们就要切入对方的思维逻辑中，然后推理出自己想要的结论，以此来赢得沟通的主动权。

把握对方的思维逻辑，推理出自己想要的结论，就是一种“防守反击”的逻辑学技巧。当对方自恃拥有“牢不可破”的强大逻辑时，我们只要能打破这种逻辑，对方就只得缴械投降了。

小叶刚从美国留学归来，许久不见的小强便联系上他，想要向他推销一份人寿保险。小叶的父亲拥有一家家族企业，小叶这次回来就是被父亲逼着来接班的。

小叶：你说的这些我都知道，但你觉得什么人需要人寿保险呢？是不是那些每天需要工作的人，才需要这种保险？

小强：你不是有一份工作吗？

小叶：我的工作可不一样，我不用每天工作，我工作也不是因为需要收入。

小强：那你为什么要去工作呢？

小叶：我觉得花自己工作赚到的钱更舒服些。

小强：你是不想依赖别人，想要自力更生，有尊严地活出自己的样子，对吗？你真是变得越来越有个性了。

小叶：我一直都是这样。

小强：你家里很有钱，那些财富能够保障你后半生的生活，但我今天想跟你聊的并不是这些。我想说的是，我们每个人都应该按照自己的意愿，为自己负责，有选择、有尊严地生活。以你现在的收入，即使每个月再给你1000元，并不会让你变得富有，要是从你手中拿走1000元，也不会让你变得贫穷。但如果你把这1000元交给我，你将拥有一种按照自己的意愿，为自己负责的，有选择、有尊严的生活方式。

小叶：你说得也有道理，你再给我讲一下这款保险的内容……

小强所使用的正是前面提到的“防守反击”的逻辑学技巧。这种方法主要适用于那些一开始就并不对等的沟通中，最常见的例子就是在推销之中。

“推销”这件事，虽然买卖双方作为市场主体是平等的，但在交易过程中，尤其是沟通过程中，双方多少是有些不平等的。卖方想要让买方购买自己的产品或服务，买方可能并没有这种想法，这时候，卖方就要想方设法将产品或服务推销给对方。

现在来看一看故事中的小强是如何运用“防守反击”的方法成功说服小叶的。

最初，小叶的思维逻辑很明确：我不缺钱，工作也不是为了赚钱，所以没有买人寿保险的必要。小强了解到这一点后，顺着小叶的思路探寻起小叶的根本想法。

而后，当小叶表明花自己赚到的钱更舒服时，小强走到小叶之前，开始用“有尊严地活着”这一问题，来将小叶向自己的思维逻辑上引导。

然后，在得到小叶的肯定回复后，小强确认小叶已经跟上了自己的思维逻辑，便开始用大段论述来强化自己的结论，即“你花这笔钱正是为了让自己有尊严地活着”。

最后，等到小强说完大段论述后，小叶早已把自己的思维逻辑忘在了脑后，在思考时只得依靠小强的思维逻辑。这时候，他已经没有理由拒绝小强的要求了。

从表面上来看，最终推理出的结论是从小叶自己的思维逻辑而来的，这才是这套操作的高明之处。用对方的思维逻辑，去推理出自己想要的结论，这种“防守反击”的技巧很适合用来说服别人。

除了在推销中，在谈判中也经常会用到这种技巧。谈判讲究把握对方的心理需求，摸准了对方的心理需求，才能有取舍地让对方接受我们。这里所说的“把握对方的心理需求”，可以等同于把握对方的思维逻辑。如果能利用对方的思维逻辑，推理出我们想要的结论，那我们就有很大概率能够拿下这场谈判。

在这里可能很多人会有一个疑问，顺着对方的思维逻辑怎么能推导出我们想要的结论呢？如果很轻松便可以做到的话，那对方怎么还能得出与我们不一样的结论呢？

其实，想要实现这一点，还需要在沟通过程中施展一些逻辑“套路”。小强便是利用了“乱赋因果”，才最终说服了小叶。

当小强得知小叶工作是为了自力更生，是为了更有尊严地活着时，小强便在“购买人寿保险”和“拥有有选择、有尊严的生活方式”搭建了因果关系，正是这种虚假的因果关系，改变了小叶的态度。

小强怎么能这样办事呢？这不是在“套路”自己的朋友吗？如果有人要这样质问小强的话，小强同样可以拿出“给朋友一份后半生的保障不好吗？”来反问。这时候我们可就要仔细思考一下“买保险就是买保障”这句宣传语的逻辑性了。

第十章　有趣又有用的逻辑学思维和游戏

逻辑学中的发散思维，精妙创意由此生发

遇到恶劣的天气时，我们是不是不应该点外卖？

多数人会从外卖小哥的角度考虑，认为恶劣天气点外卖会给他们造成不小的麻烦，容易让他们在工作上出现失误。当然，也有人会认为恶劣天气点外卖，是在照顾外卖小哥的生意，在增加他们的收入。

多数人除了从外卖小哥的角度考虑这个问题，还会从自己的角度去思考问题。“我”辛苦工作了一上午，中午肯定是要叫个外卖的，不吃饱饭，下午怎么有力气工作呢？当然，也有人会认为天气太过恶劣，自己应该随便弄点吃的，等外卖送到，不知要何年何月。

少数人在从两个角度考虑这一问题后，还会从商家的角度来考虑这一问题。恶劣天气如果我们都不点外卖，商家的生意还怎么做？如果恶劣天气一直持续，那商家岂不是都要关门大吉吗？

极少数人在这三个角度之外，还会从一种新的角度去思考。他

们认为这些外卖很多都已经做好，如果今天没人预定，很可能到了明天就会被扔到垃圾箱中；即使这些外卖还只是新鲜的食材，到了第二天，它们也很可能因为不再新鲜，而遭到丢弃，这可是严重的浪费行为。

我们暂且不考虑这几种不同角度的思考是否完全正确，只从思维方法的角度来看，上面故事中多数人、少数人和极少数人所应用的正是一种发散性思维方法。**这是一种创造性的思维方法，是指大脑在思考时呈现的一种扩散状态的思维模式，具体表现为思考的多维度性，以及思维的广阔性。**

简单来说，发散思维就是从一点向四面八方扩散思考的思维，运用这种思考的人往往会不依常规，寻求创新，对自己手中的材料、信息从不同的角度、方向，用不同的方法、手段来进行推理分析。

在阿加莎的推理小说中，无论是波洛，还是马普尔小姐，他们在推理断案时，都会运用发散的思维去思考案件细节，而不是将自己的思维局限在一个角度上。在《高尔夫球场命案》中，波洛并没有单纯从寻找凶手的角度去分析案情。在分析凶手之外，他还从尸体的角度展开思考，最终侦破了命案，这正是发散思维在案件推理中的运用。

在案件推理之外，发散思维最主要的应用场景还是在日常生活之中。正如开篇的问题一样，许多看似只有一种答案的问题，但实际上我们却可以从不同角度去思考答案。

小朋因为是否需要买扫地机器人这一问题，与女友小月吵得不可开交。

在与女友几番争辩后，小朋依然保持着冷静。他不急着向女友解释购买扫地机器人的利弊，而是笑着对女友说：“买了扫地机器人之后，我做什么？难道你要将我扫地出门吗？”随后，他又摆出一副哭丧脸的表情，看到女友安静下来，又一把将女友拉入怀中，说道：“走！带你看看我给你准备的礼物去！”在小朋的一番操作下，女友小月的气已经消了大半，要买扫地机器人的事情也被抛到了九霄云外。

在常规思维下，小朋与女友吵架是因为要买扫地机器人这件事，那只要向女友解释清楚买扫地机器人的利弊就可以了。这种方法在双方商量时使用是没问题的，但如果双方已经吵得不可开交了，再这样分析这件事，双方就只会吵得越来越厉害。

而在发散思维下，小朋不再执着于和女友说理，而是从不同角度去解决这一问题。他先是开玩笑，又是装可怜，最后又从拥抱和送礼物的角度成功化解了与女友的争吵。

当我们从一个比较宽泛的范围去审视一个问题，收集并分析各种证据、信息，思考不同的解决方案时，我们就是在运用发散思维。

逻辑学中的逆向思维，逆向思考，问题其实很简单

动物园和野生动物园有什么区别？

这个问题似乎并没有太多可思考的角度，在动物园里，动物被关在笼子中，一点自由也没有；而在野生动物园里，动物没有被关在笼子里，更加自由一些。这应该是二者的主要区别，但除此之外呢？

其实这个问题还可以换一个角度思考，在动物园里，人是在笼子外的，可以自由自在地观赏动物；而在野生动物园里，人是被关在“笼子”里的，只能在自驾车或观光车中观赏动物。

一般来说，在被问到与动物园相关的问题时，大多数人会从动物的角度给出答案，少有人会从游人的角度回答这个问题。如果将从动物角度思考这个问题看成是在运用正向思维思考，那从游人的角度回答这个问题，就是运用逆向思维在思考。

在上一节的故事中，小朋在解决与女友吵架这件事时，除了运用到发散思维，也运用到了逆向思维。他并没有按照寻常、正向的思维方式去解决是否买扫地机器人的问题，而是选择了一些不同的角度去安抚女友的情绪，进而达到解决问题的目的。这与“司马光砸缸”故事中的思维方法有异曲同工之妙。

与发散思维一样，逆向思维也是一种重要的创造性思维方法，其是反过来思考那些司空见惯的或是似乎已成定论的事物或观点的一种思维方法。

对于一些特殊问题，当其他人都朝着一个固定的思维方向思考时，如果我们能够从一种相反的方向去思考、去探索，最后很可能会得到意想不到的结果。

当丹麦物理学家奥斯特发现电流的磁效应后，许多欧洲的物理学家都加入这一研究中。在这些人中，英国物理学家法拉第有些独特，他并没有像其他人一样研究“电能够产生磁”，而是反其道而行之，一门心思投入“磁能否产生电”的研究。

经过了近十年时间的实验探索，法拉第证实了“磁能够产生电”的论断，提出了著名的电磁感应定律，并发明了世界上第一台发电机。

现如今，电磁感应定律正深刻地影响着我们的生活。如果当时法拉第没有运用逆向思维的思考方法去进行实验探索，人类利用电能的历史就可能会延后数年或数十年。

在决定人类历史发展的大事上，逆向思维曾经起到过不小的作用，在我们日常生活的小事中，逆向思维也无时无刻不在发挥着作用。

如果孩子不愿意做自己安排的测试题，试着运用逆向思维，与孩子约定，自己将测试题做完，然后由孩子认真检查一遍，有错误的地方，再让孩子给自己讲解讲解，这不是也能达到让孩子做题的目的吗？

当前，全社会都掀起了节约热潮，各个餐厅酒店都想方设法让顾客节约用餐。一家自助餐厅利用逆向思维不仅达到了让顾客节约用餐的目的，而且还让自己的生意比平时火爆了许多。

这家自助餐厅没有贴出“凡浪费食物者罚款十元”的提醒，反而在每张餐桌上都贴上了“凡没有浪费食物者奖励十元”的公告。此公告一出，顾客们纷纷吃多少拿多少，不仅吃得刚刚好，还节约了食物，更重要的是还获得了十元的奖励。

从结论往回推，反过来去思考问题，会让问题变得更为简单，这样我们便可以轻而易举地解决这些问题。

相比于发散思维，培养逆向思维要更简单一些，就像上面提到的一样，“从结论往回推，反过来思考问题”，遇事多从常规思维的反向去思考，我们就能慢慢培养起逆向思维来。

在思考“如何高效率学习”这个问题时，与其按照常规思维到处寻找高效学习的方法，不如运用逆向思维，罗列出“低效率学习”的各种表现，找到并避免这些低效学习的情况发生，学习的效率自然会提高。

同样，在思考“如何过得更幸福”这个问题时，与其按照常规思维遍寻幸福方法，不如运用逆向思维，把“让自己痛苦”的生活行为罗列出来，远离并避免这些痛苦行为，我们与幸福的距离也就会越来越近了。

几个有趣的逆向思维故事

1. 两颗鹅卵石

一个商人欠了高利贷者一大笔钱，因为市场不景气，迟迟无法偿还。高利贷者向商人提出一笔交易：他可以免除商人的债务，但商人需要把自己的女儿嫁给这位高利贷者。为了显示自己的公平，高利贷者设计了一个游戏。

他将一颗黑色的鹅卵石和一颗白色的鹅卵石放入一个空钱袋中，商人的女儿需要随机挑选一颗。如果她选中的是黑色鹅卵石，她就要嫁给高利贷者，商人的债务自然也会一笔勾销；如果她选中的是白色鹅卵石，那她就不必嫁给高利贷者，商人的债务也会一笔勾销。如此来看，这个游戏对商人来说，确实是相对公平的。

但让人想不到的是，挑选鹅卵石当天，高利贷者并没有按照约定在空钱袋中放入两种颜色的鹅卵石，而是将两颗黑色的鹅卵石放入钱袋中。

商人的女儿看到了高利贷者的作弊行为，却没有当场拆穿，她按照高利贷者的要求将手伸入空钱袋中取出了一颗鹅卵石。但还没等到众人看清时，她便将鹅卵石扔在一旁，混入铺在地上的鹅卵石中。

由于地上到处铺满了鹅卵石，人们根本没办法分辨女孩丢掉的鹅卵石究竟是白色，还是黑色的。既然没办法确定女孩抽到的鹅卵石颜色，那就只能观察钱袋中剩下的那颗鹅卵石的颜色。因为剩下的那颗鹅卵石是黑色的，那女孩抽到的便必然就是白色的鹅卵石了。赢得了游戏，女孩不仅不需要嫁给高利贷者，而且还帮父亲还清了欠债。

上面这个故事似乎有些略显老套，但作为逆向思维应用的典型故事，却很值得一谈。在这个故事中，女孩在得知高利贷者作弊后，并没有当即拆穿对方的骗局，因为这样闹翻之后，自己的父亲依然还要偿还债务。

女孩采取了一种更为有效的方法应对对方的骗局：谁说最后的结果一定要看选中的鹅卵石的颜色，既然只有两种颜色的鹅卵石，那看没选中的那块鹅卵石颜色，不就知道选择的鹅卵石的颜色了吗？

基于这种考量，女孩故意弄丢了自己选中的鹅卵石。如此一来，只要查看未被选中的鹅卵石的颜色，就可以知道女孩选中的鹅卵石的颜色了。这种逆向思考的能力，帮助女孩成功战胜了高利贷者。

2. 缺斤短两的龙虾

周末，小飞从网上购买的八只龙虾到货。正打算大吃一顿的他发现网上标的龙虾一只五两重，自己收到的龙虾竟然才一两多一点，算上浸了水的棉绳，一只龙虾也没有五两。

小飞怒气冲冲地找到商家要求退货，但商家却态度强硬不肯给小飞退货，小飞声称要给商家差评，商家却满不在乎地挂断了电话。

小飞的表姐知道这件事后，带着小飞来到超市，买了一只一斤多重的龙虾，拿到家后，连续拍了几张照片，然后以好评晒图的形式评论道：商家真是良心，原以为不会有赠品，没想到竟然多送了一只一斤多重的龙虾，各位朋友多多关注这家店，老板很好说话，下次还会再买。

没想到，过了不到一周时间，商家主动联系小飞，要求小飞撤回好评，并答应足额赔付小飞的损失。在思考片刻后，小飞也觉得表姐的做法有些欠妥，便撤回了评论，并从商家那里得到了赔偿。

如果用正向的思维没办法搞定不讲道理的商家，那就要试着用逆向思维去解决问题。既然商家不肯退款、不怕差评，那索性就给商家送个“好评”吧，当别人看到买龙虾赠送龙虾，却收不到龙虾时，商家的麻烦事也就来了。

当然，在日常生活中，小飞表姐的做法并不值得仿效，应通过正常渠道来解决。但这种逆向思考的方式却值得学习。

在日常生活中，逆向思维的故事比比皆是。很多看似复杂的难题，顺着正常方向往前推进，通常很难解决。很多时候，换一个方向，朝着相反的方向尝试一下，问题便会迎刃而解。

几种锻炼思维逻辑的游戏

1. 数独游戏

数独是起源于18世纪瑞士的一种数学游戏。玩家需要根据9×9盘面上已经给出的数字，推理出剩余空格之中的数字，并将对应的数字填入到空格中，满足每一行、每一列、每一粗线宫（3×3方格）内都包含1至9这些数字，不能有重复。

1				3	2			7
						3		
3		4			5			
		9					1	4
5			4		7			8
6	4					5		
			9			4		3
		7						
4			3	5				1

数独游戏可以说是最简单有效的思维训练游戏，只要掌握了数独游戏的规则，便可以动手开展数独游戏。虽然对玩家的入门要求

很低，但数独游戏对玩家的逻辑思维能力要求还是非常高的。

在进行数独游戏时，需要手、眼、脑高度协调，眼疾手快，头脑灵活的人更容易玩好这项游戏。通过数独游戏，可以有效锻炼玩家的反应能力、分析能力，提升玩家的逻辑思维能力。

上面就是一个完整的数独九宫格，玩家只要将对应的数字填入九宫格中即可，整个过程并不需要计算，所以即使没有数学基础的孩子也能轻易掌握这种游戏。初次接触数独游戏的玩家，如果觉得数独九宫格的难度过高，可以试试玩数独四宫格或六宫格。

	1		3
3	4		1
	2		4
4		1	

如果熟悉了数字九宫格的玩法，还可以将九宫格中的数字换成英文字母或成语，在增加游戏趣味性的同时，也可以学习到一些新的知识。

2. 测试题训练

萨利喜欢 225，但不喜欢 224；她喜欢 900，但不喜欢 800；她喜欢 144，但不喜欢 145。请问，在 1600 和 1700 两个数字中，她喜欢哪个？

（答案：1600）

如果两位打字员可以在两分钟内输入两页纸内容，那么在六分钟内输入 18 页纸内容需要多少名打字员？

（答案：6 名）

两名男子从同一地点出发，向相反方向走 4 米后，然后都左转，再走 3 米，此时他们之间的距离是多少？

（答案：10 米）

还有许多这样的测试题，通过解决这些问题，能够很好地锻炼我们的思维能力。

3. 其他游戏

玩游戏也可以锻炼我们的逻辑思维，许多益智解谜类游戏都要依靠逻辑推理能力去解开谜团，而一些分类游戏、排序游戏，也对我们逻辑思维能力的提升有一定的帮助。

逻辑思维能力的培养并不是一朝一夕便能完成的。在日常生活中，遇到问题，仔细分析、认真思考才是锻炼逻辑思维能力的最好方法。用逻辑学的知识将复杂问题简单化，让生活变得更加有趣，这才是逻辑思维能力应用的最好结果。